名师讲科技前沿系列

图解
化学电池

TUJIE
HUAXUE
DIANCHI

田民波　编著

U0228788

化学工业出版社

·北京·

《图解化学电池》是"名师讲科技前沿系列"中的一册，内容包括化学电池原理和简史，一次电池和二次电池等6章，着重介绍了锂离子二次电池和燃料电池等内容。

　　针对化学电池的入门者、制作者、应用者、研究开发者、决策者等多方面的需求，本书图文并茂，全面且简明扼要地介绍化学电池的工作原理、相关材料、制作工艺、新进展、新应用及发展前景等。采用每章之下"节节清"的论述方式，图文对照，并给出"本节重点"。力求做到深入浅出，通俗易懂；层次分明，思路清晰；内容丰富，重点突出；选材新颖，强调应用。

　　本书可作为化学、材料、化工、能源及动力、机械、微电子、显示器、物理、计算机、精密仪器等相关领域的科技、工程技术人员参考书籍。

图书在版编目（CIP）数据

图解化学电池 / 田民波编著.—北京：化学工业出版社，2019.2（2025.1重印）
（名师讲科技前沿系列）
ISBN 978-7-122-33676-7

Ⅰ．①图…　Ⅱ．①田…　Ⅲ．①化学电池—图解　Ⅳ．①O646.21-64

中国版本图书馆CIP数据核字（2019）第005851号

责任编辑：邢　涛　　　　　　　　文字编辑：陈　雨
责任校对：张雨彤　　　　　　　　装帧设计：王晓宇

出版发行：化学工业出版社（北京市东城区青年湖南街13号　邮政编码100011）
印　　装：北京新华印刷有限公司
880mm×1230mm　1/32　印张8　字数224千字　2025年1月北京第1版第8次印刷

购书咨询：010-64518888　　售后服务：010-64518899
网　　址：http://www.cip.com.cn
凡购买本书，如有缺损质量问题，本社销售中心负责调换。

定　　价：49.00元

前　言

　　化学电池是靠内部的化学反应产生电力，并将该电能取出的电源的总称。化学电池包括一次电池、二次电池、燃料电池以及特殊电池四大类。

　　在人类文明发展史上，先后经历了生物质能源、煤炭、石油和天然气等化石能源时代，由于不可再生能源的枯竭引发的环境污染、全球气候变暖等问题日益严重，人们对可再生能源产生了越来越浓厚的兴趣。

　　在诸多储能器件中，电池因其出色的性能而备受关注。其中，锂离子电池具有较大的体积能量密度和质量能量密度，较长的寿命，最高的标称电压，较低的自放电率以及较好的稳定性等。另外，由于锂离子电池中不含铅、镉等有害元素，更符合绿色能源的要求。

　　在商用锂离子电池中，液态电解质作为供锂离子在正负极之间穿梭的媒介，难以避免出现挥发、泄漏甚至着火爆炸等问题，使用不慎会带来非常严重的安全隐患，尤其是在飞机、电动汽车等锂离子电池大规模应用的场合。

　　将液态电解质替换为固体电解质，从而制备全固态电池是解决上述安全问题最有效途径之一。此外，全固态电池还具有不受液态电解质 $-20 \sim 60℃$ 使用温度的限制，可以在高温或超低温的环境下服役；可以避免在电极材料与电解液界面处生成 SEI 膜对锂元素的消耗，从而有效降低不可逆容量的损失；固体电解质可以有效抑制锂枝晶的生长，从而使锂金属可以作为负极来使用；部分固体电解质的使用电压区间超过 5V，这为高电压正极等新型正极材料的使用提供了有力支持。全固态锂电池凭借上述优势，有望成为锂电池发展的必然趋势。

　　一方面，早晚有一天，人类会进入不可避免的倒数 20 年石油枯竭（20 年之后彻底枯竭）的时代，另一方面，地球温暖化问题越来越严重。现在看来，能对可持续发展做出贡献的新的能源中氢是最有希望的。由于燃料电池是通过氢和氧的反应产生电力，几乎不排放污染环境的产物，而且其理论能量转换效率极高，可达 82.9%，所以从航天用到民用都在积极开发氢能源。但是，如果没有媒介，氢并不能作为能源。以氢为媒介的新的系统必不可少。燃料电池就是其中的代表。用化学方式替代发电的即为燃料电池。

　　化学电池涉及化学、材料、电子、设计、制作、封装、测试、应用等各个方面。由于多学科交叉，即使某一学科的专家，也难以做到"一专百通"。面对涉及面广、发展快、内容新，而又相当深奥的化学电池专门技术，迫切需要深入浅出，通俗易懂，内容广泛，既针对现实又照顾到发展前景的科普读物。

考虑到方方面面的需求，本书兼顾以下四个层次的读者加以论述。

(1) 面向化学电池的入门者。化学电池的入门，包括名词术语解释，电池反应及特征，各种电池的比较，如何选择电池等。

(2) 面向化学电池的使用者。针对应用目的选择合适的电池，使用中的注意事项，安全措施等。

(3) 面向化学电池的制作、开发者。为开发新电池，了解正极材料、负极材料、隔膜材料、电解液、固体电解质等。

(4) 面向化学电池的开发、决策者。介绍每类电池的发展动向，特别是全固体电解质锂离子二次电池和燃料电池。

本书既不是海阔天空的漫谈，也不是基础理论的压缩。在内容上避免深、难、偏、窄、玄，强调浅、宽、新、活、鲜。针对化学电池的入门者、制作者、研究开发者、决策者等多方面的需求，力求做到深入浅出，通俗易懂；层次分明，思路清晰；内容丰富，重点突出；选材新颖，强调应用。

本书得到清华大学本科教材立项资助并受到清华大学材料学院的全力支持。在此致谢。

限于编者水平及时间有限，书中不妥或疏漏之处在所难免，恳请读者批评指正。

田民波

2019 年 3 月

目　录

第1章　化学电池的发展史

书角茶桌

第2章 一次电池和二次电池

书角茶桌

第3章 锂离子电池

书角茶桌

第4章 研发中的新型二次电池

书角茶桌

新材料延长锂金属电池寿命，

增加汽车机动性 ························· 164

第5章　燃料电池原理及基本要素

书角茶桌

第6章　常用燃料电池的原理与结构

化学电池的发展史

书角茶桌
　　从氧化还原反应认识化学电池
　　用电极材料

1.1 电池的种类及现状
1.1.1 化学电池

目前，市场上的电池种类繁多，形状各异，为适应不同用途，性能也各不相同。但如果做大的分类，可分为化学电池、物理电池、生物电池三大类，若细分，大约有40多种，再细分，则有4000余类。

化学电池是依靠其内部的化学反应产生电力，并将该电能取出的电源的总称。化学电池可分为一次电池、二次电池（蓄电池）、燃料电池以及特殊电池这四大类别。一提到"电池"，人们自然联想到日常生活不可缺少的干电池和充电电池，这些大都属于化学电池。

（1）一次电池

一次电池是离我们生活最近的电池。根据电解质的形态，一次电池可分为干电池、湿电池和注液电池。根据电解液种类，一次电池可分为水溶液系电解液电池和非水系（有机、无机溶质）电解液电池。根据负极的活性物质，可分为铅系电池、锂系电池等。根据正极活性物质，又可以分成多种电池。将这些因素排列组合可以得到一亿种以上的电池。现在，这些电池中被广泛应用的有锰干电池、碱性干电池、银电池、空气电池和锂·二氧化锰有机电池等。一次电池具有下述特征：

① 只能用而不能充电，用尽之后就废弃；"一次"并非指只能使用一次，而是指不能重生再用。

② 不经充电就能方便灵活使用，遇到灾害时或在电网覆盖不到及不能充电的地区（海岛、高山、沙漠等）大有用武之地。

③ 种类繁多，形式多样。既有锰（Mn）干电池及碱性电池(alkali)干电池，又有适用于需要大电流的镍（Ni）一次电池（羟基氧化镍干电池）及在精密机器等中使用的纽扣(button)电池等。

（2）二次电池

二次电池具有下述特征。

① 可以反复进行充放电，即一旦蓄积的电能耗尽（放电结束），可借由外部电源使其流过与放电方向相反的电流（称该过程为充电），使电池重新（即所谓"二次"）回到放电前的状态，从而可反复使用。一般称其为"蓄电池"。

② 应用范围极广，既有汽车等使用的传统铅－酸蓄电池，又有信息通信设备及AV设备等小型电子设备中使用的镍－镉电池、镍－氢电池、锂离子电池等。

本节重点
（1）了解电池系统图。
（2）何谓一次电池和二次电池?
（3）二次电池具有哪些特征?

电池的系统

- 电池
  - 化学电池
    - 一次电池
      - 勒克朗谢电池 ── 锰干电池（筒形、方形）
      - 碱电池
        - 碱干电池（筒形、方形）
        - 镍系 一次电池（羟基氧化镍干电池）
        - 碱纽扣电池
        - 氧化银电池
        - 过氧化银电池
        - 水银电池
      - 有机电解液电池
        - 二氧化锰－锂电池（筒形、硬币形）
        - 氟化石墨锂电池（筒形、硬币形、针形）
        - 氧化铜锂电池
        - 二氧化铁锂电池
        - 氯化氧硫－锂电池
        - 二氧化硫－锂电池
      - 空气电池
        - 空气锌电池（纽扣形、硬币形、方形）
        - 空气湿电池
      - 备用（reserve）电池
        - 注液式电池、海水电池
        - 熔盐电池
    - 二次电池（充电式电池）
      - 碱蓄电池
        - 密封型镍－镉电池（Ni-Cd 电池）（筒形、方形）
        - 开放型镍－镉蓄电池
        - 镍－氢电池（筒形、方形）
        - 镍－锌蓄电池
        - 空气锌蓄电池
      - 铅酸系电池
        - 铅蓄电池
        - 小型密封铅蓄电池
      - 有机电解液电池
        - 锂离子电池（筒形、方形）
        - 金属锂二次电池（硬币形）
      - 聚合物电池 ── 锂聚合物电池
      - 电力贮存用电池
        - 钠硫电池
        - 氧化还原液流电池
        - 锌溴，锌氯电池
    - 燃料电池
      - 磷酸燃料电池
      - 熔融碳酸盐燃料电池
      - 固体电解质燃料电池
      - 高分子电解质燃料电池
    - 特殊电池
  - 物理电池
    - 太阳电池
      - 硅半导体太阳电池
      - 化合物半导体太阳电池（Ⅱ-Ⅵ族、Ⅲ-Ⅴ族、Ⅰ-Ⅲ-Ⅵ族）
    - 热致发电电池
    - 原子能电池
  - 生物电池
    - 酵素（酶）电池
    - 微生物电池

③随着大容量、小型化及长寿命化的进展，二次电池在当代社会中所起的作用越来越大。

④作为动力（用于电动汽车等）、电力贮存（用于太阳能发电系统等）等用途，大容量、大电流二次电池有待进一步开发，但其发展前景广阔。

（3）燃料电池

燃料电池具有下述特征：

①采用与水的电致分解相反的过程，使氢和氧结合，从而产生水和电能。

②同火力发电等比较，燃料电池的能量转换效率高，不排放污染大气的物质，可以大大减轻对地球环境的影响。

③燃料电池动力马达可替代传统的石油引擎等。而且，燃料电池作为便携式电子设备用也备受青睐。

④若按电解质的类型来区分，燃料电池可分为碱性氢氧燃料电池（AFC）、磷酸型燃料电池（PAFC）、质子交换膜燃料电池（PEMFC）、熔融碳酸盐型燃料电池（MCFC）、固体氧化物燃料电池（SOFC）等。

1.1.2　物理电池和生物电池

与一次电池、二次电池、燃料电池等利用金属等的化学反应取出电能的化学电池相对，不是靠化学反应等，而是利用光能、热能以及力学能等的物理变化来取出电能的电池称为物理电池。目前广泛应用于计算器、手表、居民住宅发电等领域的太阳电池，用于宇宙中的观测装置以及用于医疗设备等及作为电源使用的原子能电池等，都属于物理电池。

尽管风力发电、水力发电、潮汐发电、海洋温差发电、核发电等不归于电池之列，但是由于是采用物理的能量进行发电，排放的二氧化碳少，作为清洁能源越来越受到重视。

太阳光等取之不尽，用之不竭。以太阳光作能源的太阳电池具有耗费能源少、寿命长、无公害等许多优点，作为替代型能源，正引起人们的关注。

生物电池是借由生体催化剂[酵素（酶）及叶绿素等]及微生物等引发的生物化学变化而产生电能的装置，包括生物太阳能电池和生物燃料电池等。目前仍处于研究阶段，期望今后进一步取得进展。

本节重点
（1）何谓物理电池？给出物理电池的实例。
（2）不属于电池之列，而采用物理的能量进行发电的方式有哪些？
（3）何谓生物电池？介绍生物电池的发展前景。

化学电池的历史

年份	主要发明	发明者
1800	伏打电池	Volta
1836	丹聂耳电池	Daniel
1838	燃料电池（氢 - 氧）	Grove
1859	铅蓄电池	Plante
1868	勒克朗谢电池	Lechlanche
1882	碱锰电池	
1883	氧化银电池（一次）	Clark
1886	作为干电池的勒克朗谢电池的完成	Gassner
1887	氧化银电池（二次）	
1899	镍 - 镉电池 镍 - 锌电池	Jungner Michalowski
1901	Ni-Fe 电池（Edison 电池）	Edison
1912	碱锰干电池	
1917	空气 - 锌电池	Andre
1942	水银电池	Ruben
1947	Ni-Cd 电池密闭化成功	Neuman
1949	碱锰电池的实用化	
1962	密闭型 Ni-Cd 电池在日本投产 密闭型氢电池的发明	池田等 池田
20 世纪 70 年代	二氧化硫 - 锂离子电池的实用化	
1972	氟化石墨 - 锂电池的发明与实用化	福田、渡边等
1973	二氧化锰 - 锂电池的发明与实用化	池田等
1979	钴酸锂电池	Goodenough、水岛等
1981	锂石墨化碳素复合（离子） 二次电池	池田等
1986	锂二次电池的实用化	
1990	密闭型镍 - 氢蓄电池的实用化	
1991	4 伏特系锂离子电池的实用化	

1.1.3 实用电池应具备的条件及常用电池的特性

化学电池现在被广泛用于各个方面。在便携设备上应用的电池，在其使用环境（一定温度、湿度、压力条件）下，尤其要满足下述条件。

(1) 电压高（符合用电要求）；

(2) 能量密度高（电容量大、放电时间长）；

(3) 输出密度高（可输出大电流）；

(4) 放电特性稳定；

(5) 温度特性好；

(6) 自放电少，保存性好；

(7) 充放电循环寿命长（二次电池）；

(8) 能量转换效率高；

(9) 密闭度高；

(10) 容易使用；

(11) 安全性、可靠性有保证；

(12) 无公害；

(13) 经济性好。

然而，同时满足所有上述条件的完美电池并不存在。因而，有必要针对不同使用目的来制造不同特性的电池。例如，输出电流很小但可以长时间输出稳定电压的电池；轻量、小型、但可以输出很多电能的电池；短时间可以输出大电流的电池；保存性非常好的电池；尽管成本有些高，但性能特别可靠的电池等。

为了满足特定的条件，必须使用合适的正极材料、负极材料、电解液（质）和分隔膜（separator），来制造满足条件的电池。因此，电池有许多种类。

本节重点

(1) 了解化学电池发展史。

(2) 作为实用电池应具备哪些条件？

(3) 为提高化学电池的特性需要从何处入手？

作为使用电池应具备的条件

（1）电压要高
（2）能量密度高：电池的容量大，放电时间长
（3）输出功率密度高：可取出大电流
（4）放电特性稳定
（5）温度特性优良
（6）自放电少，保存性好
（7）充放电循环寿命长（对于二次放电）
（8）能量变换效率高
（9）密闭度（密封性）好
（10）安装运行方便
（11）安全性好，可靠性高
（12）环保、绿色、无公害
（13）经济性优良

常用电池放电特性的对比

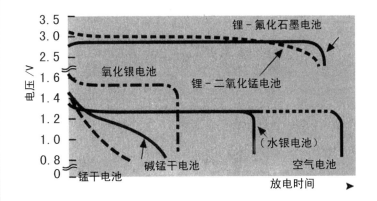

1.1.4　一次电池和二次电池的主要用途

随着电子技术的飞快发展，身边的信息设备及家电制品不断高性能化，使人们的生活日益高效便捷。与此同时，装置日益轻薄短小化，过去难以想象的复杂装置变为今天可以装在便服口袋中的袖珍产品。例如，智能手机、手掌大小的 GPS、小型信息终端、肠内检查用的胶囊照相机、IC 卡等。所有这些都离不开动力，而化学电池，特别是二次电池，不失为最佳选择。现在，每个人身边配备几个二次电池并不算稀奇。

日益严峻的资源与环境问题使得人们对新能源的需求越来越紧迫，而大自然提供的清洁能源形式譬如风能、潮汐能、太阳能等由于自身的局限使得人们只能有区域限制、间断地对其实施利用。为了解决能源供给与能源消费在时间与空间上的不匹配，储能技术的研究与利用迫在眉睫。在众多的储能技术中，可以重复充、放电的二次电池作为低碳环保的新能源储能器件，对于改善电力平衡，利用风和光等可持续能源，推动新能源汽车普及，提高能源资源利用效率和解决雾霾等环境问题都具有重要战略意义。

二次电池从首次发明到现在主要经历了铅酸蓄电池、Ni-Cd电池、Ni-MH 电池以及现在的锂离子电池等阶段。而相较于传统的干电池，二次锂离子电池具有比能量大、比功率高、自放电小、无记忆效应、循环性好、可快速放电且效率高等优点，因此逐步进入了电动车、轨道交通、大规模储能和航天航空等领域。

本节重点
（1）例举一次电池的用途。
（2）二次电池在便携电子领域的应用。
（3）二次电池在动力系统的应用。

一次电池的主要用途（●最常使用　◎经常使用）

		锰干电池						碱干电池					
		R20P	R14P	R6P	R03	R-1	6F22	LR20	LR14	LR6	LR03	LR1	6LR61
灯具	强光灯、手电筒 荧光灯、常备灯	●	●	◎				◎	◎				
	笔灯、微型灯	●		●	●	●		◎		●	◎	◎	
音响、随身听	电话机、对讲机	●	●	●	●		●	◎	◎	◎	◎		●
	收音机、收发两用机、遥控器		◎	●	●		◎		◎	◎	◎		◎
	随身听	●	●	●	●			●	●	●	●		
玩具	电动玩具、监视器、模型、教材	●	●		◎	◎	●	◎	◎	◎		●	●
	电子游戏机、曲调 IC			●			●						●
照相设备	电子快门、EE 照相机、曝光计、自动数据收集器												
	摄影机 闪光灯			●	◎					●	●		
钟表等	手表												
	信号钟			●	●	◎							
	挂钟、固定钟	◎	●	●	◎	◎							
便携设备	笔记本电脑、打印机、计算器、平板电脑、打字机			●	●				◎	◎	◎		
驱动马达	电动螺丝刀、削铅笔机、厨房用品、泵、喷雾器	●	◎	●	◎			●	◎	●	◎		

1.2　电池的发展简史①
——从巴格达电池到伏打电池
1.2.1　世界最早的电池
——制作于陶罐中的巴格达电池

　　电池的历史久远，世界上最早的电池——现被称为巴格达电池，早在 2000 年以前就已经问世。实际上，这种电池出现在人们还不知道电为何物的时代。下面，先从这种原始电池的构造谈起，再介绍对发现电池的起电原理有巨大贡献的 Galvanic 的青蛙实验。

　　1932 年，德国考古学家威廉·考尼希等在伊拉克首都巴格达郊外的霍亚特拉兹亚遗址中发现了陶罐电池。据考证，该遗址是公元前 3 世纪后半期帕尔蒂亚时代帕尔蒂亚人的遗留物。据此分析，至少在 2000 年以前，就已经有人开始使用电池。这种电池被后人称作"巴格达电池"。据说，可能是阿拉伯镶嵌工匠在制作金银饰物时，作为电镀电源所使用的电池。但在此后的很长时间内，电池的发展处于空白。电池重新引起人们注意是在 18 世纪，而 Galvanic 的青蛙实验和继而出现的伏打 (Volta) 电池是其即将腾飞的标志。巴格达电池装于小型黏土制素烧陶罐（高约 10cm）中。一个由薄铜 (Cu) 制的圆筒固定在陶罐内侧，其中装满电解液。在圆筒中心固定一个铁 (Fe) 制圆棒，并由沥青 (asphalt) 封口。

　　利用这种以铜作正极、铁作负极的简易装置，估计可获得 1.5 ~ 2V 的电压。当时究竟使用了什么电解液始终未搞清楚，据说是葡萄酒或醋一类的有机发酵液体。

　　尽管上述装置看起来十分简陋，但原理与现在的化学电池并无不同，利用的也是化学（氧化还原）反应。不过，关于这种古代电池，仍残留不少疑点。实际上，它是不是真正的电池一直存在争论。

（1）巴格达电池最早在何时、何处出现？
（2）介绍巴格达电池的基本结构。
（3）谈谈你对巴格达电池的认识。

巴格达电池的构造

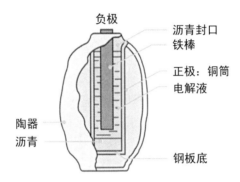

负极

沥青封口
铁棒

正极：铜筒
电解液

陶器
沥青

钢板底

巴格达电池实物

1.2.2　利用青蛙腿制作电池？——伽伐尼的实验

　　1780 年，意大利生物学家路易吉·伽伐尼 (Luigi Galvani) 实验将剥去皮的青蛙腿搭在铁棒上，并用一黄铜丝，一头缠在青蛙腿上，一头绕在铁棒上。发现青蛙腿如同活的一般，不断震颤和痉挛。

　　产生这种现象的原因，伽伐尼认为是"在动物体内存在电气，青蛙腿的震颤和痉挛是由于体内电气被金属取出所致"。伽伐尼将其命名为动物电气，并将这一结论发表在《关于电气对肌肉运动的作用记录》一书中。

　　但是，针对青蛙腿的震颤和痉挛，有人也提出了另外的理由，认为在试验中，黄铜丝作为正极，铁棒为负极，青蛙腿中的体液作为电解液而构成电池，由电池产生的电流刺激青蛙腿的肌肉，使肌肉收缩所致。而对此加以证明的是意大利物理学家亚历山德罗·伏打 (Alessandro Volta)。

　　伏打反复对伽伐尼所发表的所谓"动物气"进行了实验，特别注意到，青蛙腿震颤和痉挛均发生在使两种不同的金属相接触时，进而他在使各种不同金属相接触的情况下反复进行了同样的实验。与此同时还发现，为了发电，水（电解液）必不可少。他还使用了由电解液润湿的纸。反复进行此项研究的伏打，于 1799 年用两块不同金属片夹住被盐水润湿的纸，并将其数十枚重叠，成功产生很高电压的"电气"。

　　伏打于 1800 年，将多个注入食盐水的杯子相并排，并使相邻杯子中浸入食盐水中的铜 (Cu) 板和锡 (Sn) 板相互串联，进而做成电池。进一步，又使锌 (Zn) 板和铜板数十层相重叠，其间注入稀硫酸 (H_2SO_4) 等电解液，也做成电池。这些便是著名的伏打电池。伏打电池的电压为 1.1V，电压的单位（伏特）就是以伏打的名字命名的。

　　伏打电池可以提供持续流动的电流，这是人类求之不得的发明。由于伏打的功绩得到确认，并在拿破仑驾前进行了实验演示，他不仅获得了奖章、奖金，还得到伯爵爵位。

本节重点
（1）介绍伽伐尼所做的青蛙腿实验，从中他得出什么结论？
（2）青蛙腿震颤和痉挛的真正原因是什么？
（3）化学电池的电流和电压是由何种因素决定的？

伽伐尼（Galvani）进行的青蛙腿实验

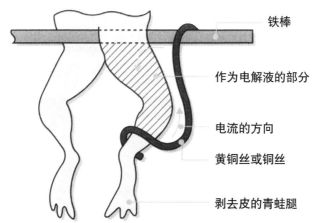

铁棒

作为电解液的部分

电流的方向

黄铜丝或铜丝

剥去皮的青蛙腿

请思考：青蛙腿不断震颤和痉挛的原因是什么？

伏打电池的模式（伏打对其他几种金属也做了实验）

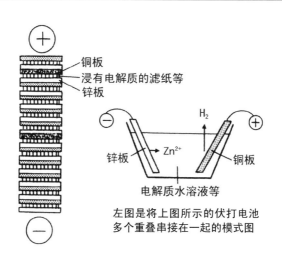

铜板
浸有电解质的滤纸等
锌板

锌板

Zn^{2+}

H_2

铜板

电解质水溶液等

左图是将上图所示的伏打电池
多个重叠串接在一起的模式图

1.2.3 电池的发明——干电池起始于湿式

1800 年，伏打发明了"伏打电堆"（voltaic pile），其原型见上图。伏打电堆是将银板和锌板多层重叠，并浸入食盐水中，由此便有电流发生的装置。但由于这种伏打电池只能在有限的时间内维持电流，故离实用还有距离。

1836 年英国的化学家、物理学家丹聂耳对伏打电池进一步改良，发明了丹聂耳电池，其输出电压为 1.1V。丹聂耳电池的原理见下图，借由素烧瓷容器将电解液分离，通过在正极侧采用硫酸铜溶液，负极侧采用硫酸锌溶液，使输出电压的变化很小，也不会产生氢气等，克服了伏打电池在短时间内不能输出电压的缺点，在提升实用性方面跨出重要一步。

但这些"湿电池"一方面电解液容易泄漏，另一方面需要定期更换电解液，所以在使用和操作时需要格外小心。

如今已普遍应用的干电池中，使用的电解质并不是液体，而是凝胶状物质（以氯化锌为主），相对于液态电解质的"湿"，称其为"干"。干电池不仅可以被做成各种形状，而且可以正放、倒放，也可以平放，无漏液之忧，使用十分方便，安全性又好。就是从这种干电池开始，化学电池在各种领域的应用迅速普及扩展。

近年来，二次电池、太阳能电池、燃料电池的迅速发展，使电池家族兴旺发达，充满活力。

本节重点
（1）浸于液体中产生电的湿式电池。
（2）介绍丹聂耳电池的工作原理。
（3）介绍干电池起始于湿电池的发展过程。

伏打电池（伏打电堆）原型

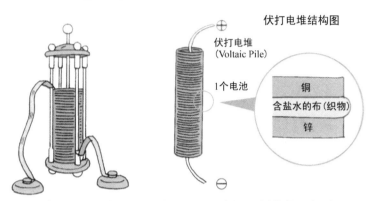

伏打电堆结构图

伏打电堆
（Voltaic Pile）

1个电池

铜
含盐水的布（织物）
锌

教科书上介绍的伏打电池，是将锌板和铜板浸泡在稀硫酸中构成的。实验中会发现，开始的输出电压为1.1V，但很快就降至0.7V，进而不能向外部取出电流。伏打制作的最初的电池之所以被称为"电堆"，可能是因为具有相互串联，积少成多之意。

丹聂耳电池的原理

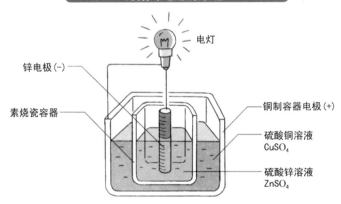

电灯

锌电极(-)

素烧瓷容器

铜制容器电极(+)

硫酸铜溶液
$CuSO_4$

硫酸锌溶液
$ZnSO_4$

在硫酸铜水溶液中放入锌电极，由于锌会溶解，会有电子蓄积，这种电子与水溶液中的铜离子(Cu^{2+})反应，从而析出铜。在这种状态下，该电子流并不能向外部取出，但若设法使锌的溶解和铜的析出分别在两个电极(阴极和阳极)上进行，便能使电子移动(产生电流)，这便是丹聂耳电池。

1.3 电池的发展简史②
——从伏打电池到丹聂耳电池
1.3.1 伏打电池的起电原理

在伏打电池中，正极材料、负极材料、电解液分别使用的是铜 (Cu) 板、锌 (Zn) 板、稀硫酸。

①负极的锌板以锌离子 (Zn^{2+}) 的形式溶于稀硫酸：

$$Zn \longrightarrow Zn^{2+}+2e \tag{1-1}$$

②存留于锌板中的电子 (e) 经由导线向作为正极的铜板移动。正是由于电子的这种从锌板向铜板的移动而产生电气（电流）。

③电子在铜 (Cu) 板表面与电解液中的氢离子 (H^+) 相结合而产生氢气 (H_2)：

$$2H^++2e \longrightarrow H_2 \tag{1-2}$$

伏打电池尽管是人们企盼的发明，但有几个缺点必须克服，其中一个缺点——不能持续提供电流——利用一个素烧瓷隔断就可以克服。

本节重点
(1) 说明伏打电池的起电原理。
(2) 写出伏打电池中发生在负极和正极的反应。
(3) 说明伏打电池中负极采用锌板，正极采用铜板的理由。

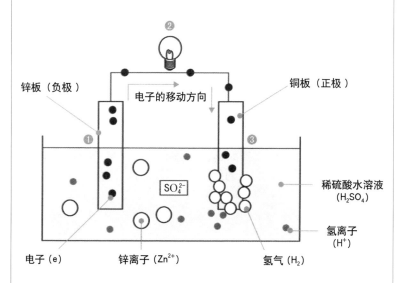

伏打（Volta）电池的原型

锌板（负极）

电子的移动方向

铜板（正极）

SO_4^{2-}

稀硫酸水溶液
（H_2SO_4）

氢离子
（H^+）

电子（e）

锌离子（Zn^{2+}）

氢气（H_2）

伏打电池的起电原理：

① 负极的锌板以锌离子（Zn^{2+}）的形式溶于稀硫酸。

② 存留于锌板中的电子（e）经由导线向作为正极的铜板
移动。经由负载做功。

③ 由外电路来的电子（e）和电解液中的氢离子（H^+）在正
极表面相遇而产生氢气（H_2）。

1.3.2 伏打电池的缺点——正极析氢

在伏打电池中，随着反应进行，浸入稀硫酸 (H_2SO_4) 中的铜 (Cu) 板表面上会有氢气 (H_2) 产生，氢气气泡会完全覆盖铜板的表面，造成铜板与电解液不能接触，电子 (e) 则不能与氢离子 (H^+) 相结合，致使反应停止。

这种因在正极表面析出氢气气泡而阻断反应，使电池性能难以持续的现象，是伏打电池的缺点之一。

上述过程说明由于锌板中的 Zn 以 Zn^{2+} 的形式溶于稀硫酸，因此，在锌板中产生剩余电子。电子经由导线从锌板向铜板流动。

从负极移动到正极的电子与稀硫酸水溶液中的氢离子相结合，生成氢气，而氢气气泡覆盖于正极的表面，致使上述反应不能继续进行。换句话说，外电路由电子 (e)、电池内部由氢离子 (H^+) 所构成的导电循环（接力），由于正极表面氢气气泡的析出而被阻断。

本节重点
(1) 作为负极的锌板在电化学反应中为阳极，而铜板为阴极。
(2) 采用稀硫酸作为电解液，何种原因导致伏打电池反应停止？
(3) 分析采用稀硫酸作为电解液时正极析氢的理由。

伏打电池的缺点——正极析氢

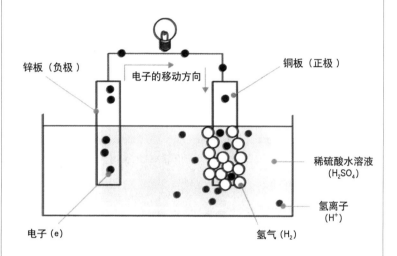

由于采用的是稀硫酸水溶液

外电路由电子 (e)、电池内部由氢离子 (H⁺) 所构成的
导电循环（接力），由于正极表面氢气气泡的析出而
被阻断。

1.3.3　克服伏打电池缺点的丹聂耳电池
——无隔断的情况分析

　　成功克服了伏打电池上述缺点的是英国化学家约翰·丹聂耳（John Daniel）。为了补救伏打电池的缺点，丹聂耳用一个素烧瓷隔断将锌板和铜板隔开，并在隔断两侧分别注入不同的电解液。这种电池就是丹聂耳电池。

　　在丹聂耳电池中，作为正极材料的铜（Cu）和负极材料的锌（Zn）分别浸入到硫酸铜（$CuSO_4$）水溶液和硫酸锌（$ZnSO_4$）水溶液中。二者中间由素烧瓷（不带釉料而在低温烧成的陶器）隔断隔开。那么，素烧瓷隔断在这里起什么作用呢？

　　下面，分别针对无隔断、采用无孔隙的完全隔断（1.3.4节）和采用有微孔的素烧瓷隔断（1.4.1节）三种情况，做对比说明。

　　无隔断的情况酸铜水溶液和硫酸锌水溶液相混合反应过程如下：

　　①锌（Zn）板中的Zn原子以离子（Zn^{2+}）形式溶入电解液，而电子存留在锌板中：

$$Zn \longrightarrow Zn^{2+}+2e \qquad\qquad (1-3)$$

　　②锌板中存留的电子与硫酸铜水溶液中的铜离子（Cu^{2+}）直接结合，进而在锌板表面析出铜（Cu）：

$$Cu^{2+}+2e \longrightarrow Cu \qquad\qquad (1-4)$$

　　③电子即使经由导线移动，但不久便会消耗掉，从而不会有电流发生。

本节重点

（1）若换成硫酸锌＋硫酸铜水溶液，锌板上会发生什么现象？
（2）采用硫酸锌＋硫酸铜水溶液作电解质为什么没有电流发生？
（3）采用何种措施才能使电流发生？

伏打电池的缺点②——负极析铜

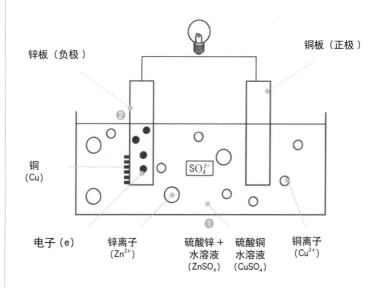

锌板（负极）

铜板（正极）

铜
(Cu)

电子 (e)　锌离子 (Zn²⁺)　硫酸锌＋水溶液 (ZnSO₄)　硫酸铜水溶液 (CuSO₄)　铜离子 (Cu²⁺)

　　由于采用的是硫酸铜水溶液和硫酸锌水溶液的混合溶液，在不采用隔断的情况下：

① 锌（Zn）板中的 Zn 原子以离子（Zn^{2+}）形式溶入电解液，而电子存留在锌板中。

② 锌板中存留的电子与硫酸铜水溶液中的铜离子（Cu^{2+}）直接结合，进而在锌板表面析出铜（Cu）。

③ 电子即使经由导线移动，但不久便会消耗掉，从而不会有电流发生。

1.3.4 克服伏打电池缺点的丹聂耳电池
——采用无孔隙的完全隔断的情况分析

采用无孔隙的完全隔断的情况分析如下：

①在负极，锌 (Zn) 板中的 Zn 原子以离子 (Zn^{2+}) 形式少量溶于电解液，而电子存留在锌板中：

$$Zn \longrightarrow Zn^{2+}+2e \qquad (1-5)$$

由于硫酸根离子 (SO_4^{2-}) 是一定的，锌离子会过剩，从而很快达到饱和。为保持电中性，不能有更多的锌离子溶入，反应很快停止。

②在正极，硫酸铜水溶液中的铜离子 (Cu^{2+}) 与电子结合，在铜 (Cu) 板上会有少量铜析出：

$$Cu^{2+}+2e \longrightarrow Cu \qquad (1-6)$$

③由于电解液中丧失铜离子，致使硫酸根离子过剩，很快达到饱和状态。为保持电中性，不能有更多的铜离子与电子结合，反应很快停止。

既然正极、负极上的反应均不能持续，当然不会维持持久的电流。

试想，在这种情况下，若能从正极侧的水溶液中仅使硫酸根离子向负极侧的水溶液移动，从而使离子的不平衡解除，则可确保反应不间断地进行下去。

本节重点	(1) 若用不渗透的隔断将正极区和负极区隔开，为什么反应会很快停止？
	(2) 分析采用不渗透的隔断情况下，发生在正极区和负极区的反应。
	(3) 采用何种措施才能使反应继续进行？

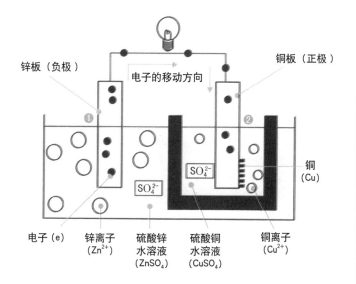

若用不渗透的隔断将正极区与负极区隔开——反应会很快停止

锌板（负极）
电子的移动方向
铜板（正极）

铜
(Cu)

电子 (e)　锌离子
　　　　　(Zn²⁺)

硫酸锌
水溶液
(ZnSO₄)

硫酸铜
水溶液
(CuSO₄)

铜离子
(Cu²⁺)

由于采用的是硫酸铜水溶液和硫酸锌水溶液的混合溶液，在采用无孔隙的完全隔断的情况下：

① 在负极，锌（Zn）板中的 Zn 原子以离子（Zn^{2+}）形式少量溶于电解液，而电子存留在锌板中。

② 在正极，硫酸铜水溶液中的铜离子（Cu^{2+}）与电子结合，在铜（Cu）板上会有少量铜析出。

③ 由于电解液中丧失铜离子，致使硫酸根离子过剩，很快达到饱和状态。为保持电中性，再多的铜离子则不能与电子结合，反应很快停止。

1.4　电池的发展简史③
——从丹聂耳电池到勒克朗谢电池
1.4.1　丹聂耳电池的关键——素烧瓷隔断中的微孔

　　如前所述，无论是有隔断（无孔隙的完全隔断）还是无隔断的情况都存在问题。丹聂耳用素烧瓷隔断，借由素烧瓷中的微孔，解决了上述问题。

　　在素烧瓷的隔离板中，分布有肉眼看不见的微孔。分子及粒子依其尺寸大小，有的能透过微孔，有的不能透过。在丹聂耳电池中，比素烧瓷中微孔尺寸小的硫酸根离子能自由透过，而比微孔大的铜离子则不能透过。

　　此时，由于铜板的表面析出铜而造成硫酸铜溶液中硫酸根离子的过剩。这些过剩的硫酸根离子透过素烧瓷向另一侧的硫酸锌水溶液中移动。

　　在硫酸锌水溶液中，由于锌从表面溶出而使水溶液中的锌离子（Zn^{2+}）浓度增加，藉由从正极一侧流过来的硫酸根离子（SO_4^{2-}），可保持溶液的电中性。稳定的反应就可持续进行（实际上，由于锌板的离子化倾向大，电解液很快就达到饱和，因此，必须定期更换电解液）。

　　顺便指出，一般称素烧瓷一类分布有大量微孔的物质为多孔物质。即使在现在的电池中，作为四要素之一，也都要使用被称为 separator 的多孔物质隔离板。

　　丹聂耳电池的反应过程如下：

　　①锌（Zn）板中的 Zn 原子以离子（Zn^{2+}）形式溶入电解液，而电子存留在锌板中：

$$Zn \longrightarrow Zn^{2+}+2e \tag{1-7}$$

　　②电子经由导线，从锌板向铜板移动。

　　③向铜板移动的电子与铜离子（Cu^{2+}）相结合，在铜板表面析出铜：

$$Cu^{2+}+2e \longrightarrow Cu \tag{1-8}$$

　　在上述一连串的流程中均与氢离子无关，因此不会出现氢气气泡及与之相关的问题。

本节重点

　　（1）丹聂耳电池中，素烧瓷隔断中的微孔起什么作用？

　　（2）写出丹聂耳电池中发生在负极和正极的反应。

　　（3）指出丹聂耳电池的缺点。

丹聂耳（Daniel）电池的关键
——素烧陶瓷隔断中的渗透微孔

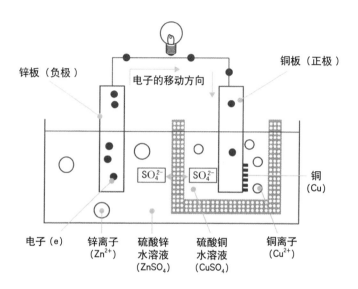

丹聂耳电池的两个缺点：

（1）锌板的离子化倾向大，致使电解液饱和，使
反应难以继续进行；

（2）采用电解液的湿电池使用不方便。

1.4.2　丹聂耳电池的缺点——离子化倾向

　　丹聂耳电池的缺点是锌板的离子化倾向大，电解液很快会达到饱和。所谓离子化倾向，是指金属在水或水溶液中放出电子而变成阳离子的难易程度。一般说来，在正极材料和负极材料的两种金属中，离子化倾向大的一方（更容易放出电子的一方）作为负极材料来使用。

　　丹聂耳电池中锌板的锌离子很容易溶出，从而硫酸锌水溶液很快达到饱和，此后反应便不能进行，因此需要定期地更换电解液。

　　随着伏打电池的进一步改良，1868年法国工程师勒克朗谢（Lechlanche）发明了勒克朗谢电池，它也被称为锰干电池的原型。

　　勒克朗谢电池的正极为一炭棒，该炭棒插入由二氧化锰（MnO_2）粉末与少量炭（C）粉组成的混合物中，而该混合物则密实地装入多孔质的素烧瓷罐中。

　　负极采用锌（Zn），并将其与素烧瓷罐一起浸入氯化铵水溶液中。将正极、负极及负载用导线连接，便组成勒克朗谢电池。

本节重点

　（1）何谓金属的离子化倾向？
　（2）是何原因造成丹聂耳电池的反应不能持续进行？

勒克朗谢（Lechlanche）电池的出现
——为从湿电池到干电池创造条件

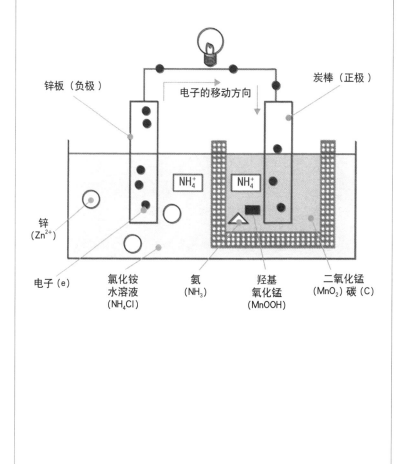

锌板（负极）

电子的移动方向

炭棒（正极）

锌 (Zn²⁺)

NH_4^+ NH_4^+

电子 (e)

氯化铵 水溶液 (NH₄Cl)

氨 (NH₃)

羟基 氧化锰 (MnOOH)

二氧化锰 (MnO₂) 碳 (C)

1.4.3 从勒克朗谢（湿）电池到干电池

勒克朗谢电池内部反应十分复杂，在此仅以简化的实例加以介绍。

①负极的锌板以锌离子（Zn^{2+}）的形式溶于氯化铵水溶液，而电子存留于锌棒中：

$$Zn \longrightarrow Zn^{2+} + 2e \qquad (1-9)$$

②存留于锌棒中的电子，经由导线向正极侧的炭棒移动。

③在正极侧，电子与同炭棒接触的二氧化锰和氯化铵水溶液中的铵离子（NH_4^+）发生反应，生成氢氧化氧化锰（MnOOH）和氨（NH_3）：

$$MnO_2 + NH_4^+ + e \longrightarrow MnOOH + NH_3 \qquad (1-10)$$

或许有人认为，在炭棒中移动的电子会与溶液中的氢离子（H^+）相结合而生成氢（H_2），但实际上，由于二氧化锰的存在，这种反应不会发生。起这种作用的二氧化锰称作减极性剂。减极性剂的存在可有效防止氢气生成。

勒克朗谢电池的发明意味着长寿命（可长时间使用）电池的诞生，由此打开了电池实用化之路。

实际上，无论从使用的材料还是从发生的化学反应看，勒克朗谢电池与现在使用的锰干电池的初期产品都是完全相同的。勒克朗谢电池的开路电压大约为 1.5V，与现在的干电池也大致相同，因此，称勒克朗谢电池为干电池的原型毫不为过。

勒克朗谢电池很重而且容易损坏；内部装有液体，安放、运输十分不便；而且为维持其功能需求繁杂的服务需要电解液的补充和电极的清洁。为了彻底克服这些缺点，经过种种改良，诞生了不洒落液体的电池——干电池。

本节重点

(1) 介绍勒克朗谢电池的构造。
(2) 写出勒克朗谢电池中发生在负极和正极的反应。
(3) 勒克朗谢电池中二氧化锰起何种作用？

勒克朗谢电池

（1868年）

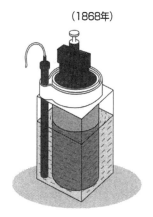

干电池的代表——现在锰干电池的结构

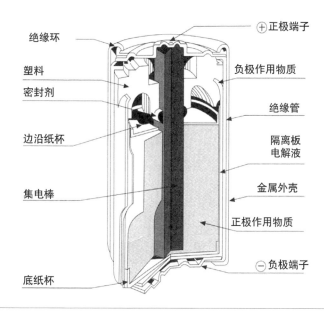

绝缘环

塑料

密封剂

边沿纸杯

集电棒

底纸杯

⊕ 正极端子

负极作用物质

绝缘管

隔离板
电解液

金属外壳

正极作用物质

⊖ 负极端子

1.4.4 干电池的代表

　　干电池中电解质使用的并不是液体，而采用的是凝胶状物质，相对于液态电解质的"湿"，称其为"干"。得益于干电池的发明，化学电池不仅可以做成各种形状，而且可以正放、倒放及水平放，它们在各种设备中的使用迅速普及扩展。

　　一次电池的代表是锰干电池。锰干电池的使用最广，产量最大，全世界每年至少生产 400 亿个（含碱干电池）。因此，一般所说的"电池"，多数情况指的是这种电池。锰干电池正极用的是二氧化锰，负极用的是锌。关于电解液，在这种电池发明的当初，使用的是氯化铵，现在多采用以氯化锌为主体的电解液，其放电特性，特别是重负载放电特性（大电流且长时间连续使用）更为优良。

　　可以从材料和结构两方面对锰干电池做进一步说明。从材料讲，正极用的二氧化锰，过去使用的是天然矿物，近年来采用借由对锰的化合物水溶液电气分解等再合成的二氧化锰，对锰干电池各种性能的提高做出重大贡献。从结构讲，处于中心部位的正电荷的集流体是炭素集电棒，其周围填充由二氧化锰和作为导电材料的炭素体（乙炔黑等）的混合粉体，经压实做成块状的正极，用涂布淀粉的纸包覆，并接于锌罐（负极）中。

本节重点
(1) 勒克朗谢电池是锰干电池的原型。
(2) 介绍锰干电池的结构和所用材料。
(3) 介绍碱干电池的结构和所用材料。

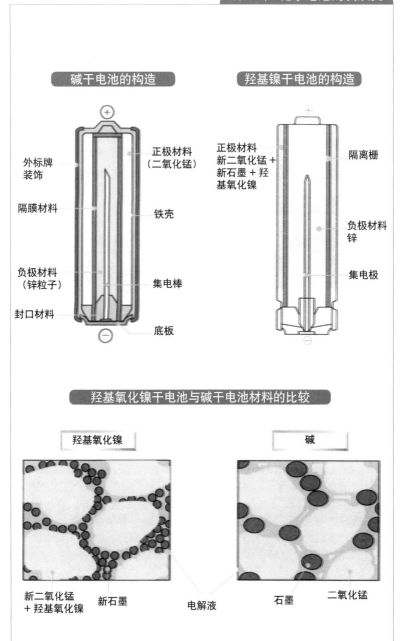

碱干电池的构造

羟基镍干电池的构造

正极材料
（二氧化锰）

外标牌
装饰

隔膜材料

负极材料
（锌粒子）

封口材料

铁壳

集电棒

底板

正极材料
新二氧化锰＋
新石墨＋羟
基氧化镍

隔离栅

负极材料
锌

集电极

羟基氧化镍干电池与碱干电池材料的比较

羟基氧化镍

碱

新二氧化锰
＋羟基氧化镍

新石墨

电解液

石墨

二氧化锰

1.4.5 常用干电池的分类

1879 年，爱迪生 (Edison) 发明了电灯（白炽电灯），这一伟大的发明照亮了世界。但真正揭示流经电灯泡中电荷本质的是英国物理学家汤姆森 (J.J.Thomson，因发现电子而获得诺贝尔奖），这是在爱迪生发明电灯之后的 18 年，即 1897 年。

不同种类的电池具有不同的性能参数。1.1.3 节 (PT) 下图给出常用电池放电特性的对比，由此不仅可以了解不同种类电池的放电电压、放电时间等放电参数的差异，而且可以作为选用电池的依据。例如，对于数码相机等需要大电流的电子设备，需要采用羟基氧化镍干电池及镍－氢电池等可以放出大电流的电池，而对于汽车等需要高电压和非常大的电流的则需要采用铅－酸蓄电池、锂离子二次电池等。

上图表示干电池按形状的分类。选用干电池时首先考虑的因素是形状。一般设备中都为干电池预留好位置，只需"对号入座"即可。

在设计装置时，选用干电池时更要考虑尺寸因素，对于便携设备轻薄短小的用途，必须采用小尺寸电池，否则，对于整个设备来讲，电池无论按体积还是按质量，都会占相当大的比例；反过来讲，如果尺寸太小，电池的容量及功率受限，需用频繁更换电池，既麻烦又费钱。除考虑干电池的尺寸外，还要考虑干电池的类型、输出电压、容量、价格等。

下图表示电池按负极材料的分类。负极材料首先选择那些容易供给电子的原子。作为目标的原子当然是位于周期表左上角附近的原子，如第一主族的原子，如锂 (Li)、钠 (Na)、钾 (K) 等，第二主族的原子，如铍 (Be)、镁 (Mg)、钙 (Ca) 等。

已经成熟应用的负极材料有锌 (Zn)、锂 (Li)、镁 (Mg)。以锌作负极的干电池有锰干电池、碱干电池、空气电池、银电池、汞电池等；以锂作负极的干电池有二氧化锰－锂电池、氟化石墨－锂电池、氯化亚硫酰－锂电池；以镁作负极的干电池有氯化银－镁电池、氯化铅－镁电池等。

本节重点
(1) 常用干电池按形状是如何分类的？
(2) 常用干电池按负极材料是如何分类的？

干电池按形状的分类

圆筒形（1～5号）　　　　　9V形（006P形）

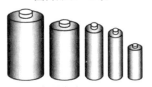

锰干电池　　　　　　　　　锰干电池
碱干电池　　　　　　　　　碱干电池
镍系一次电池　　　　　　　镍-氢电池
（羟基氧化镍干电池）　　　镍-镉电池
镍-氢电池
镍-镉电池

填塞形（照相机用）　　　硬币形　　　　　　　针形

　　　　　　　　　　　锂一次电池
锂一次电池　　　　　　锂二次电池　　　　　锂一次电池

纽扣形　　　　　　细棒形

碱纽扣电池　　　　镍-镉电池
空气-锌电池　　　　镍-氢电池
氧化银电池

电池按负极材料的分类

负极材料	电池种类
锌（Zn）	锰干电池、碱干电池 空气电池、银电池、汞电池
锂（Li）	二氧化锰－锂电池 氟化石墨－锂电池 氯化亚硫酰－锂电池
镁（Mg）	氯化银－镁电池 氯化铅－镁电池

1.5 电池的三个基本参量
和构成电池的四要素
1.5.1 用储水罐说明电池的三个基本参量

将电池比作装有水的储水罐，由其可以与电池所能提供的电流、电压、电能做对比，如图所示。流水使储水罐下方的水车旋转的力取决于水的流速和水的量。出水管粗，由于有大量的水流出，可以驱动更重的水车；储水罐高，由于水的流速快，可以使水车更快地旋转。

储水罐的储水量（质量，kg）可以比作电池的容量（电荷量，$A \cdot h$），储水罐的储水高度（h，m）可以比作电池的起电力（电压，V），罐中储水所能做的功（储水的势能，J）可以比作电池中所储存的化学能，即由电池的容量与起电力的乘积决定的电能（$kW \cdot h$）。

电池的主要参量除电流、电压、电能外，还有内阻、充放效率和寿命等。

本节重点
（1）储水罐的储水量可以比作电池的容量。
（2）储水罐的储水高度量可以比作电池的起电力。
（3）罐中储水所能做的功可以比作电池中储存的化学能。

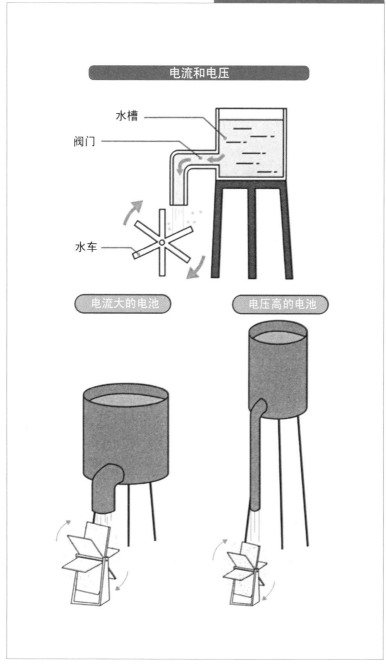

电流和电压

水槽

阀门

水车

电流大的电池

电压高的电池

1.5.2　电池的容量——可取出电（荷）的量

电池的容量是指在一定的放电条件下电池所给出的电量，常用 C 表示，单位为 A·h，分理论容量、实际容量和额定容量。

电池的理论容量 C_0 是根据法拉第定律计算出来的容量，即活性物质全部参与电池反应所给出的电量。如果某活性物质完全反应的质量为 m，摩尔质量为 M，参加反应化合价变化为 n，则按照法拉第定律其容量为：

$$C_0 = 26.8mn/M = m/q \tag{1-11}$$

式中，q 为电化学当量。

显然，理论容量与电池中活性物质的质量成正比，与电化学当量成反比。理论容量在电池设计时应用较多。

电池的实际容量是指在一定的条件下，电池实际放出的电量。

当电池在恒流放电时：

$$C = It \tag{1-12}$$

当电池在恒阻放电时：

$$C = \int_0^t I \, dt = (1/R) \times \int_0^t V \, dt \approx (1/R) \times Vt \tag{1-13}$$

式中，R 为放电平均电阻；V 为平均放电时的平均电压；t 为放电时间。

电池的实际容量 C 主要取决于电池中的电极活性物质的数量及其利用率 k。

$$k = (C/C_0) \times 100\% \tag{1-14}$$

而由于种种原因，k 总是小于 100%。只有当 k 等于 1 时，实际容量才与理论容量相等。

在设计和制造电池时，规定电池在一定的条件下应该放出的最低限度的电量，称为额定电量（C_r）。

本节重点

（1）何谓电池的容量？它与哪些因素有关？
（2）按照法拉第定律估算某活性物质的容量。
（3）何谓电池的质量能量密度和体积能量密度？

几种电池活性物质的标准电极电位（25℃）

负极活性物质	电位 /V	正极活性物质	电位 /V
$Li^+\|Li$	−3.040	$Cu^{2+}\|Cu$	0.347
$Na^+\|Na$	−2.714	$Ag^+\|Ag$	0.799
$Mg^{2+}\|Mg$	−2.37		
$Al^{3+}\|Al$	−1.68	$O_2\|OH^-\,(a_{OH^-}=1)$	0.401
		$I_2\|I^-$	0.535
$ZnO_2^{2-}\|Zn$ $(a_{OH^-}=1)$	−1.22	$Br_3^-\|Br^-$	1.087
		$O_2\|H_2O\,(a_{H_3O^+}=1)$	1.229
$Zn^{2+}\|Zn$	−0.763	$Cl_2\|Cl^-$	1.358
		$CuCl\|Cu$	0.137
$Fe^{2+}\|Fe$	−0.44	$MnO_2\|MnOOH$ $(a_{OH^-}=1)$	0.15
$Cd^{2+}\|Cd$	−0.403		
$Pb^{2+}\|Pb$	−0.126	$AgCl\|Ag$	0.222
$H_2\|OH^-\,(a_{OH^-}=1)$	−0.828	$Ag_2O\|Ag\,(a_{OH^-}=1)$	0.342
$CO_2\|CO\,(a_{H_3O^+}=1)$	−0.103	$NiOOH\|Ni(OH)_2$ $(a_{OH^-}=1)$	0.49
$H_3O^+\|H_2\,(a_{H_3O^+}=1)$	0.000		
$H_2CO_3\|CH_3OH$ $(a_{H_3O^+}=1)$	0.044	$AgO\|Ag_2O$ $(a_{OH^-}=1)$	0.607
$Cd(OH)_2\|Cd$ $(a_{OH^-}=1)$	−0.825	$MnO_2\|Mn^{2+}$ $(a_{H_3O^+}=1)$	1.23
$PbSO_4\|Pb$	−0.355	$PbO_2\|PbSO_4$ $(a_{H_3O^+}=1)$	1.685
$Cr^{3+}\|Cr^{2+}$	−0.424	$Fe^{3+}\|Fe^{2+}$	0.771
$Sn^{4+}\|Sn^{2+}$	0.154	$Ce^{4+}\|Ce^{3+}$	1.61
		$Co^{3+}\|Co^{2+}$	1.95

1.5.3　电池的电压——起电力

干电池电压是干电池性能的重要性能指标之一，它表示干电池在一定状态下电池两端的电位差，单位伏特（V）。

标准电压又称额定电压，指电池正负极材料因化学反应而造成的电位差，由此产生的电压值。干电池的标准电压为1.5V。

普通干电池内部的化学电解液反应的激烈程度只能达到使电池发挥出约1.5V的电压水平。这个电压跟化学离子化倾向有关，也就是说跟阴极和阳极材料有关，锌跟炭棒在电解液中产生的电位就是大约1.5V。开路电压指电池在非工作状态下即电路中无电流流过时，电池正负极之间的电位差。干电池充满电后的开路电压为1.65～1.725V。工作电压又称端电压，是指电池在工作状态下即电路中有电流流过时电池正负极之间的电位差。在电池放电工作状态下，当电流流过电池内部时，需克服电池的内阻所造成阻力，故工作电压总是低于开路电压，充电时则与之相反。

干电池的所有反应物质活度为1mol/L时，电极相对于标准氢电极电位的电位值，即该电极与标准氢电极组成的电池的电动势。对给定的电极说，其标准电极电位是一个常数。

标准电极电位是以标准氢原子作为参比电极，即氢的标准电极电位值定为0，与氢标准电极比较，电位较高者为正，电位较低者为负。如氢的标准电极电位 $H_2 \rightleftharpoons 2H^+$ 为0.000V，锌标准电极电位 $Zn \rightleftharpoons Zn^{2+}$ 为 −0.762V，铜的标准电极电位 $Cu \rightleftharpoons Cu^{2+}$ 为 +0.342V。

金属浸在只含有该金属盐的电解溶液中，达到平衡时所具有的电极电位，称为该金属的平衡电极电位。

电极电位表示某种离子或原子获得电子而被还原的趋势。如将某一金属放入它的溶液中（规定溶液中金属离子的浓度为1mol/L），在25℃时，金属电极与标准氢电极（电极电位指定为零）之间的电位差，称为该金属的标准电极电位。

本节重点
（1）何谓金属在该金属盐中的平衡电极电位？
（2）何谓物质的标准电极电位？
（3）从负、正极活性物质的标准电极电位估算电池的输出电压。

几种电池活性物质的每单位电量的质量和体积

极性	活性物质	每单位电量的质量 /[g/(A·h)]	每单位电量的体积 /[cm³/(A·h)]
负极性	Li(固)	0.259	0.485
	Al(固)	0.336	0.124
	Mg(固)	0.453	0.260
	Na(液)	0.858	0.923
	Fe(固)	1.042	0.133
	Zn(固)	1.220	0.171
	Cd(固)	2.097	0.243
	Pb(固)	3.866	0.341
	CH_3OH(液)	0.199	0.252
	H_2(气)	0.038	4.61×10^2
	CH_4(气)	0.075	1.14×10^2
	CO(气)	0.523	4.39×10^2
正极性	S(固)	0.598	0.289
	$(CF)_n$(固)	1.157	0.391
	CuO(固)	1.484	0.235
	AgO(固)	2.310	0.309
	MnO_2(固)	3.244	0.645
	NiOOH(固)	3.422	0.492
	Ag_2O(固)	4.322	0.600
	PbO_2(固)	4.461	0.476
	$SOCl_2$(液)	1.664	1.016
	Br_2(液)	2.981	0.962
	O_2(气)	0.298	2.28×10^2
	Cl_2(气)	1.323	4.49×10^2

1.5.4　电池的电能——电池电压与电荷量的乘积

　　为了对电池的起电力和容量有更清楚的理解，可以参考上图所示。当水槽中灌满水，水从水槽落下驱动水车时，水槽越高、水势越大，则水车能越快地旋转。而且水槽越大、储水量越多，则水车能越长时间地旋转。水槽的高度相当于电池的起电力，水槽的储水量相当于电池的容量。

　　电池的电能可表示为：电池的电能＝电池的起电力 × 电池的容量。

　　为了提高起电力，一般是将电极电位高、电化学当量小的正极，与电极电位低、电化学当量小的负极相组合，构成能量密度大的电池。

　　使种种正极性物质与负极性物质相组合都可以构成电池，其中的若干组合仍在研究开发中，有些已达到实用化。

　　化学电池是一种直接把化学能转化成低压直流电能的装置。早在化学电池出现以前，中国人发明的太极图（下图）似乎就对各种化学电池的工作原理做出了惟妙惟肖的暗示：最外的圆圈是电池盒；阴阳鱼是两个电极，白色是阳极，黑色是阴极；它们之间的反"S"是电解质隔膜；阴阳鱼头上的两个圆点是电极引线。用导线将电极引线和外电路连接起来，就有电流通过（放电），从而获得电能。放电到一定程度后，有的电池可用充电的方法使活性物质恢复，从而得到再生，又可反复使用，称为蓄电池（或二次电池）；有的电池不能充电复原，则称为原电池（或一次电池）。

　　特别是，一张简单的太极图就将化学电池的五种关键材料：阳极材料、阴极材料、电解液、隔膜材料和外壳材料囊括其中，似乎有些先见之明。

本节重点

　　(1) 电池的输出电压与哪些因素相关？
　　(2) 电池的电荷量与哪些因素相关？
　　(3) 电池的质量能量密度和体积能量密度与哪些因素相关？

电池的容量、电压和能量

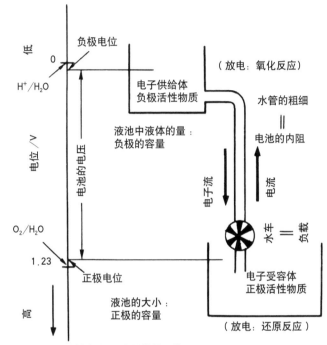

负极电位

低

0

H^+/H_2O

（放电：氧化反应）

电子供给体
负极活性物质

水管的粗细
＝
电池的内阻

电位/V

液池中液体的量：
负极的容量

电池的电压

电子流

电流

O_2/H_2O

1.23

正极电位

水车 ＝ 负载

电子受容体
正极活性物质

高

液池的大小：
正极的容量

（放电：还原反应）

液池的大小 × 水位的差＝能量
（电池的容量）×（电池的电压）＝（电池的能量）

太极图对化学电池工作原理的暗示

1.5.5 构成电池的四要素

凡是电池都需要四个基本要素：**正极材料、负极材料、电解质和分隔膜**（separator）。

以丹聂耳电池为例，电池的这四个基本要素分别表述如下：①作为氧化剂，一旦发生电池反应本身被还原的称为正极活性物质；②作为还原剂，一旦发生电池反应本身被氧化的称为负极活性物质；③在两种活性物质间，作为离子通道的离子传导性物质即电解质；④位于传导性物质中，与正极活性物质和负极活性物质接触但防止二者直接发生反应的隔膜即分隔膜。当然，还需要盛放这些物质的容器。进一步，如同作为丹聂耳电池的正极性物质的铜离子那样，在无电子传导性的活性物质的场合，还需要作为电子授受舞台的电子传导性材料（通常为金属及碳素材料）。

在此，使锌离子和锌金属、铜离子和铜金属，分别对应各自的氧化状态和还原状态相组合。这样的组合构成电极系，这种电极系多数情况下称为电极。

正极或负极的电极反应并不是单独进行的。如果发生这种情况，正电荷和负电荷将会偏离平衡。例如，锌被氧化变成锌离子，则金属锌的相中就会积存锌离子残留下来的电子的负电荷，这样在锌周围的溶液中就会积存锌离子的正电荷。这种情况，即使很少发生，只要发生，锌金属与其周围的溶液间就会产生电位差（即电压），这种情况下，锌则难以继续变为锌离子。从物理学上讲，正负电荷难以发生大的偏离。

本节重点

（1）电池负极材料和正极材料的选择考虑因素。

（2）电池隔膜的选择考虑因素。

电池的基本构成（四要素）

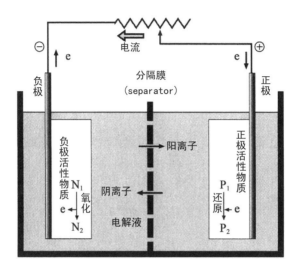

酵素（酶）电池的原理实例

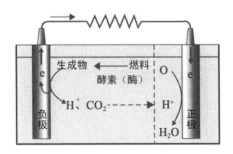

负极|负极活性物质|电解液|正极活性物质|正极

书角茶桌
从氧化还原反应认识化学电池用电极材料

可以从氧化还原反应，即原子失去电子还是得到电子的角度认识二次电池。由于大多数种类的原子间都可以发生氧化还原反应，因此，从二次电池的基本原理来看，不少原子都可以作为二次电池的材料。

但是，为了制作实用的二次电池，仅能引起氧化还原反应还是不够的，还必须满足所发生的能量大、输出能量密度高、安全性好、价格便宜等多方面的条件。

在氧化还原反应中，最初发生的是放出电子的反应。授受电子的前提是供给电子，因此首先选择那些容易供给电子的原子。作为目标的原子当然是位于周期表左上角附近的原子，如第一列的原子，如锂（Li）、钠（Na）、钾（K）等，第二列的原子，如铍（Be）、镁（Mg）、钙（Ca）等。

锂元素的英文名为 Lithium，化学符号 Li，处于元素周期表的 s 区，属于碱金属；原子量 6.941。锂作为第二周期第一个元素，含有一个价电子（$1s^2 2s^1$），固态时其密度约为水的一半。锂元素的原子半径(经验值)为 145pm，离子半径为 68pm，都相当小。

锂是最轻的金属，具有高电极电位和高电化学当量，其电化学比能量密度也相当高。锂的这些独特的物理化学性质，决定了其在二次电池中不可替代的地位。锂化合物，如锂 -MnO_2、锂 -Mn_2O_4 和锂 -CoO_2，用作高能电池的正极材料性能显著。特别是，离子半径很小的锂离子在电池充放电中的穿梭运动，既构成了电池放电时的闭合电路，又在充电时赋予电子足够高的能量。

接受电子侧的原子，应该是比 p 轨道满席状态少若干个电子的原子。与之相对，还有一个放出电子的原子。二者的正负电荷相互吸引、结合，成为电中性的，而达到自然的状态。

锂离子电池便是按上面的模式而工作的。锂在负极失去电子变为锂离子，并在电解液中移动到达正极，与此同时，电子经由外电路到达正极，锂离子在此获得电子变为锂进而完成反应过程。在此过程中，电子在外电路做功放出电能，而后充电过程中在电池内部又通过化学能赋予电子电能。

首先需要确认反应过程，作为材料应选择那些反应可能性高或者说更容易发生电子授受的原子。

为了实现电池的大容量化，可以有效地利用上述的配置，正在探讨锂 - 空气（氧）、锂 - 硫等二元素系统。

作为放出电子的材料，钠、钾、铍等也在考虑之中。氢也属于同一族的原子，但由于常温下是气体，更常用于燃料电池而非二次电池。

第2章

一次电池和二次电池

书角茶桌

二次电池中为什么讲正极和负极
而不讲阴极和阳极？

2.1　常用一次电池
2.1.1　不断进步的干电池

　　图中给出各类一次电池的特性比较。自发明后的 150 年间，干电池发生了很大的变化。现以锰干电池为例加以说明。一方面是材料的进步，正极使用的二氧化锰，以前是天然状态的，而现在使用的是电解二氧化锰，使电池的性能得到大幅度提高。另一方面，关于负极用的锌，最初是通过将锌板卷成圆筒，经焊接并加支持肋而做成圆罐；此后采用冲压、挤压锌管而做成圆罐。

　　此外，为抑制氢的产生，早期是在锌中添加水银，后经关于其他添加剂及其纯度的研究开发，可以做到即使不加水银也能抑制氢的产生。这是最近十几年的事，产品标牌上标注有"水银零使用"的就指这种电池。

　　干电池的进步中不能忘记的是克服漏液的对策。电池进步的历史从一定意义上讲是不断克服漏液的历史。即使是"干电池"，早期也存在漏液问题。为了解决这一问题，一是通过结构的改良，二是通过材料的改进。

　　关于材料，如上所述，通过减少以锌为首的各种材料中杂质的含量，可使电池内部的气体发生量减少；电解液从以氯化铵为主体变为以氯化锌为主体，借由改变放电时的电化学反应一改原来生成水的反应为消耗水的反应，从而减少水的来源等。关于结构，过去的电池中上部只是通过沥青螺纹来固定，现在普遍采用塑料封口板，并在锌罐中加塑料膜密封。

本节重点
　　（1）　按电池四要素了解各种一次电池的结构。
　　（2）　了解各种一次电池的公称电压及放电特性。

一次电池的（放电）特性比较

电池的种类	碱干电池	锰干电池	氧化银电池	碱纽扣电池
记号	LR（圆筒形）	R（圆筒形）	SR	LR（纽扣形）
公称电压 /V	1.5	1.5	1.55	1.5
正极	二氧化锰	二氧化锰	氧化银	二氧化锰
负极	锌	锌	锌	锌
电解液	氢氧化钠水溶液	氧化锌水溶液	氢氧化钠水溶液①	氢氧化钠水溶液
放电特性				
使用温度范围 /℃	-20~60	-10~55	-10~60	-10~60
特长	•最适合用于大电流、连续使用的 •优良的耐漏液性和保存性 •完全不使用水银 •完全不使用镉	•最适合用于小电流、断续使用的 •优良的耐漏液性和保存性 •完全不使用水银 •完全不使用镉	•稳定的放电电压 •优良的耐漏液性和保存性 •高的能量密度 •优良的耐负载特性	•优良的耐漏液性 •廉价 •优良的耐负载特性

电池的种类	空气锌电池	圆筒形二氧化锰锂电池	硬币形二氧化锰锂电池	氯化锂电池
记号	PR	CR（筒形）	CR（硬币形）	ER
公称电压 /V	1.4	3	3	3.6
正极	空气（氧）	二氧化锰	二氧化锰	氯化锂
负极	锌	锂	锂	锂
电解液	氢氧化钠水溶液	有机电解液	有机电解液	非水无机电解液
放电特性				
使用温度范围 /℃	-10~60	-40~85	-20~85	-55~85
特长	•面向微小电流 •稳定的放电电压 •高能量密度	•最适合于大电流 •低的自放电率 •优秀的低温特性	•面向微小电流 •低的自放电率 •小的温度相关性	•稳定的放电电压 •低的自放电率 •宽的工作温度范围

① 氢氧化钠水溶液或氢氧化钾水溶液。

2.1.2　锰干电池的标准放电曲线

　　上图表示各种一次电池的特征，包括正极活性物质的状态（系统）、电池名称、反应式及公称电压等。

　　下图表示锰干电池典型的放电曲线，可以看出，随着放电时间增加，电压缓缓下降。负载越大、温度越低，这种下降的倾向越明显。

　　在试验电池的特性时，以**放电终止电压**0.9～1.1V为参照，并用达到该电压所用的时间来表示。该曲线表示负载电阻为10Ω，放电样式为4h/天，放电终止电压为1V，试验温度为（20±2）℃条件下的放电特性。可以看出，其放电时间大约为62h。放电时间越长，说明电池的特性越好。

　　电池特性的试验，要通过改变这种放电时的条件而进行多次。如下图所示，每一次试验都要标明负载电阻、放电样式、放电终止电压、试验温度等放电条件。实际上，电池是在各种不同的条件下使用的，选择与使用场合相同的条件进行试验，就可以为应用提供参考。

本节重点
（1）按正极活性物质的状态，一次电池包括哪些类型？
（2）说出一次电池中选锌、锂作负极的理由。
（3）对锰干电池的标准放电曲线加以解释。

各种一次电池的特性

正极活性物质 的状态		电池名称	反应式	电压 （公称电压）/V
气体	水溶液系	空气－锌电池	$O_2+2Zn+2H_2O \longrightarrow 2Zn(OH)_2$	1.65
		氢－氧燃料电池	$O_2+2H_2 \longrightarrow 2H_2O$	1.23
液体	非水系	氯化亚硫酰－锂电池	$2SOCl_2+4Li \longrightarrow SO_2+4LiCl+S$	3.60
		二氧化硫－锂电池	$2SO_2+2Li \longrightarrow Li_2S_2O_4$	2.91
固体	弱酸性 水溶液系	锰干电池	$2MnO_2+Zn \longrightarrow Mn_2O_3+ZnO$	1.50
	碱性 水溶液系	碱锰电池	$2MnO_2+Zn+2H_2O \longrightarrow 2MnOOH+Zn(OH)_2$	1.50
		汞电池	$HgO+Zn \longrightarrow Hg+ZnO$	1.35
		氧化银电池	$Ag_2O+Zn+H_2O \longrightarrow 2Ag+Zn(OH)_2$	1.59
		过氧化银电池	$AgO+Zn+H_2O \longrightarrow Ag+Zn(OH)_2$	1.83
	非水系	二氧化锰－锂电池	$MnO_2+Li \longrightarrow MnOOLi$	3.50(3)
		氟化石墨－锂电池	$CF+Li \longrightarrow C+LiF$	2.82(3)
		氧化铜－锂电池	$CuO+2Li \longrightarrow Cu+Li_2O$	2.24(1.5)
		二硫化铁－锂电池	$FeS_2+2Li \longrightarrow Fe+Li_2S_2$	1.50

锰干电池的标准放电曲线（单一形）

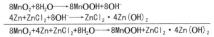

$$8MnO_2+8H_2O \longrightarrow 8MnOOH+8OH^-$$
$$4Zn+ZnCl_2+8OH^- \longrightarrow ZnCl_2 \cdot 4Zn(OH)_2$$
$$\overline{8MnO_2+4Zn+ZnCl_2+8H_2O \longrightarrow 8MnOOH+ZnCl_2 \cdot 4Zn(OH)_2}$$

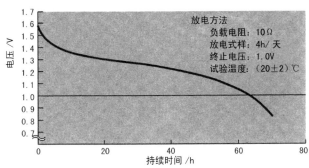

放电方法
负载电阻：10Ω
放电式样：4h/天
终止电压：1.0V
试验温度：（20±2）℃

2.1.3 锂一次电池的结构

锂的原子量小（6.94），比容量高（3.86A·h/g），电化学还原电位为负（-3.045V），这些使锂电池具有很高的比能量。

锂一次电池中，负极采用金属锂，正极采用由各种材料与导电材料混合而成的物质，电解液采用非水系的有机溶剂和溶质。形状有图中所示的圆筒形、扁平形（硬币形、纽扣形）、细形（针形）、平板形（方形、纸形）等。

另外，在圆筒形电池构造中还有压制成型电极（内部结构）和涡卷状电极之分，后者为了增大反应面积以便取出大电流。在扁平形的锂一次电池中，有作为硬币形、纽扣形的厚度很薄，相对而言易于发生反应的电池，厚度较厚，为使反应容易发生，使其正极、负极分多数块相互重叠的多层结构电池等。特别是，作为锂电池的优势，锂电极可以在极薄的厚度下使用，因此也很容易做成纸形或细形（针形）结构。

世界上第一只 Li/(CF)$_n$ 电池是 Matsushita 电池工业公司制造的。(CF)$_n$ 是炭粉与氯气在特定温度下反应的产物，其性质类似于聚四氟乙烯（PTFE）。Li/(CF)$_n$ 电池的形状主要有扣式、圆柱形和针式。Li/(CF)$_n$ 电池的应用领域很广，从专业和商业化的无线传输机和集成电路存储器一直扩展到家庭消费用的电子表、照相机、计算器等；针式电池用在发光型浮标中；高温扣式电池的绝缘包和隔膜是用特种工程塑料制成，可在 150℃ 下稳定使用。

Li/(CF)$_n$ 电池由金属锂箔阳极、多孔炭阴极、两极间的多孔非组织物或聚合物隔膜和含 $SOCl_2$ 及可溶盐（通常是四氯铝酸盐）的电解液组成。$SOCl_2$ 既是阳极活性材料，又是电解液的溶剂；而炭阴极既是 $SOCl_2$ 还原反应的催化表面，又是放电不溶物的存储库。$SOCl_2$ 在炭表面上还原反应的详细机理十分复杂。电池反应一般可写作：

$$4Li+2SOCl_2 \rightleftharpoons 4LiCl+SO_2+S \qquad E=3.6V \qquad (2-1)$$

生成的二氧化硫在电解液中是可溶解的，生成的硫溶解度约为 $1mol/dm^3$，在放电末期，会沉积到阴极孔内。LiCl 基本不溶，在阴极多孔炭表面沉积形成绝缘层。因此 Li/$SOCl_2$ 电池的放电行为主要受阴极控制。该电池的工作电压较高（3.6V），工作温度范围较宽（-55 ~ 85℃），储存寿命长。

本节重点

（1）介绍各种锂一次电池的结构。
（2）介绍 Li/(CF)$_n$ 一次电池的四要素。
（3）介绍 Li/(CF)$_n$ 一次电池的阴极、阳极反应。

锂一次电池的结构

●圆筒形电池
[高输出（涡卷构造）]

- 正极环（带安全阀）
- PTC 元件
- 气密垫
- 负极（锂）
- 正极（活性物质）
- 绝缘板
- 负极

[高容量（内外构造）]

- 负极帽
- 密闭垫
- 激光封接口部
- 负极集电体
- 正极（活性物质）
- 隔离板 + 电解液
- 负极（锂）
- 正极

●纸形电池

- 锂负极
- 负极集电体
- 隔离板
- 电极窗
- 外装膜
- 活性物质
- 正极集电体
- 炭涂图

●扁平形（硬币形）电池

- 负极帽
- 负极（锂）
- 隔离板 + 电解液
- 正极罐
- 正极（活性物质）
- 正极

●细形（针形）电池

- 负极端子
- 气密垫
- 正极端子
- 电池外壳
- 正极（活性物质）
- 隔离板
- 负极（锂）
- 负极集电体

●利用激光焊接制作的多层扁平形电池

- 负极端子
- 负极集电针
- 绝缘环
- 帽
- 正极（活性物质）
- 隔离板 + 电解液
- 负极（锂）
- 负极集电体
- 正极（活性物质）
- 正极集电体
- 正极

2.1.4　锰氧化物简介

　　锰的原子序数为 25，第 4 周期，VII B 族，属于过渡金属，其核外电子排布为 $3d^5 4s^2$。锰元素有多种价态，包括 +2、+3、+4、+6 及 +7 价，可以形成多种不同类型的氧化物。在自然界中，锰元素主要以 +2、+3 及 +4 价的形式存在，包括一氧化锰、四氧化三锰、三氧化二锰及二氧化锰。

　　在锰元素的众多氧化物中，二氧化锰（MnO_2）的用途较为广泛，对其进行的研究也较多。在二氧化锰中，锰元素的价态为 +4 价。二氧化锰通常呈黑色或灰色，天然生成的二氧化锰一般都以软锰矿的形式存在。

　　二氧化锰有许多晶体结构，所有种类的二氧化锰都是由 [MnO_6] 八面体基本结构单元组成的。在 [MnO_6] 八面体中，氧原子分布在八面体的 6 个角上，锰原子占据着八面体的中心，如上图所示。[MnO_6] 八面体之间通过共用棱或者共用顶点的方式相互连接，可以构成具有不同晶型的二氧化锰。

　　不同晶型的二氧化锰结构如下图所示。常见的二氧化锰根据其结构的不同可以划分为隧道型的隐钾锰矿（$\alpha-MnO_2$）、软锰矿（$\beta-MnO_2$）、斜方锰矿（$\gamma-MnO_2$）等，以及层状结构的水钠锰矿（$\delta-MnO_2$）及具有三维结构的 $\lambda-MnO_2$。

　　$\alpha-MnO_2$ 具有双链结构，其结构中同时存在 1×1 和 2×2 的隧道结构，在 $\alpha-MnO_2$ 的 2×2 的隧道结构中，一般存在着 Na^+、K^+ 等金属离子，这些金属离子与水分子结合形成水合离子，以水合离子的形式存在于二氧化锰的隧道结构中。

　　三氧化二锰（Mn_2O_3）是锰元素价态为 +3 价的锰的两性氧化物，一般为黑色。三氧化二锰有 $\alpha-Mn_2O_3$ 和 $\gamma-Mn_2O_3$ 两种晶型，其中 $\alpha-Mn_2O_3$ 较为常见。$\gamma-Mn_2O_3$ 属于斜方晶系，其基本组成单元与二氧化锰相同，也为氧锰八面体 [MnO_6]，它是通过共用该八面体顶角的一个或两个氧原子的方式连接的。

　　四氧化三锰是锰的一种混合价态氧化物，具有尖晶石结构，Mn^{3+} 和 Mn^{2+} 分别占据着八面体和四面体间隙位置，与四氧化三铁类似。

　　一氧化锰（MnO）是锰元素的最低价态氧化物，又称氧化亚锰，具有 NaCl 结构，很容易被空气氧化为高价态的锰氧化物。

本节重点
（1）指出锰的电子结构及可能存在的价态？
（2）构成二氧化锰晶体的基本结构单元是什么？
（3）二氧化锰有哪几种晶型？

[MnO$_6$] 八面体结构

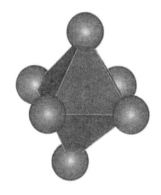

不同晶型的二氧化锰结构

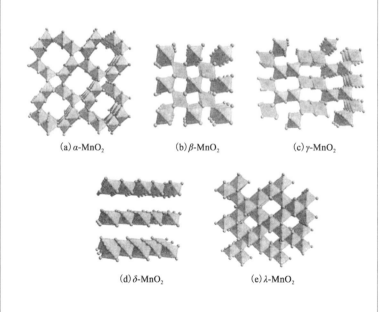

(a) α-MnO$_2$ (b) β-MnO$_2$ (c) γ-MnO$_2$

(d) δ-MnO$_2$ (e) λ-MnO$_2$

2.1.5　锰氧化物的各种晶体结构

目前已发现二氧化锰具有 α、β、γ、δ、ε、ρ 等多种晶相。

α-MnO_2 一般分子式用 RMn_8O_{16} 来表示，式中的 R 通常为 K^+、Na^+、Pb^{2+}、Ba^{2+} 等。天然锰矿有钾锰矿、钡锰矿、铅锰矿等。α-MnO_2 多属体心立方晶系，由于内部应变大而得不到发达的结晶。用合成方法制备 α-MnO_2，是在硫酸锰溶液内加入硝酸煮沸，然后缓慢加入固体氯酸钾。或者把电解二氧化锰放在氯化铵或氯化钾水溶液中，在高压釜内加热处理也可得到 α-MnO_2。

β-MnO_2 天然矿叫作软锰矿。属于这种晶相的二氧化锰，以爪哇、高加索的锰矿为代表。β-MnO_2 具有最稳定的晶格，活性低，多数不适用于干电池。将硝酸锰在 $150\sim160{}^\circ\!C$ 下进行热分解便可以合成 β-MnO_2。此外将钾锰矿、γ-MnO_2 等加热到 $400{}^\circ\!C$，也可转变为 β-MnO_2。β-MnO_2 属于正方晶系，金红石型，具有六方最密充填的构造，结晶十分发达。

γ-MnO_2 是以电解二氧化锰为代表的一种晶相，最适合用作去极剂。由于制造方法上的原因，电解二氧化锰中常混有少量的 β 型二氧化锰。结晶发达程度由于连续有不同的晶相存在，所以呈现出不明确的微结晶组织。

具有 γ-MnO_2 晶相的电解二氧化锰，已大规模地利用于干电池生产。其制造方法是将菱锰矿用硫酸溶解后，得到硫酸锰溶液，用沉淀方法除去溶液中的铁等杂质，获得精制液。精制液在高温下（$80{}^\circ\!C$ 以上）以石墨、硬铅或钛为阳极，用 $0.5\sim1.5A/dm^2$ 的电流密度进行直流电解氯化，在阳极上便析出二氧化锰。将电解二氧化锰剥离、粉碎、中和处理、干燥后即可用于干电池。

本节重点
（1）二氧化锰可能存在的晶相有哪些？
（2）说出一次电池中选二氧化锰作正极的理由。
（3）画出含锂二氧化锰（CDMO）的晶体结构。

锰氧化物的各种不同晶体结构

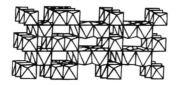

(a) γ-β-MnO_2

(c) δ-MnO_2

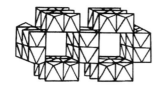

(b) α-MnO_2

(d) 尖晶石型 $LiMn_2O_4$

含锂二氧化锰（CDMO）的晶体结构

γ-β-MnO_2

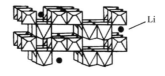

Li

$+$

Li_2MnO_3

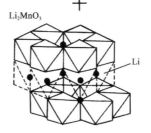

Li

2.2 常用二次电池
2.2.1 二次电池简介

　　二次电池又称充电电池，是指电池在放电后可通过充电的方式激活活性物质而继续使用的电池。它是利用化学反应的可逆性而组建成的一类电池，即电池体系内存储的化学能转变成电能之后，又可以用电能使化学体系修复，然后再利用化学能转化为电能，从而完成一次充放电过程。一般，二次电池的充放电循环次数都可达数千次到上万次。而与之形成鲜明对比的一次电池往往是，只要电能耗尽，就不可对其充电而循环使用。

　　以手机为代表的便携器具和以电动汽车为代表的移动动力装置都离不开二次电池。手机等便携用二次电池要求高性能化、高容量化和进一步小型化；移动动力装置用二次电池要求高电压、高容量化和更高的安全可靠性。二次电池在应用越来越广泛的同时，需要开发的课题也很多。

　　目前市场上常见的二次电池是锂离子电池、铅－酸蓄电池和镍氢电池等。提高电池单位能量密度和循环寿命，降低成本是当今二次电池，尤其是二次动力电池研发的重点。

　　作为车载动力，电动汽车用二次电池更强调能量密度（特别是体积能量密度）和功率密度（特别是启动功率密度）。

本节重点
（1）说明二次电池与一次电池相比的优越性。
（2）按便携电子产品和动力驱动，分别介绍二次电池的应用和前景。

二次电池的工作原理

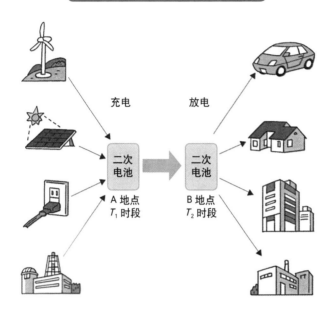

电力储存系统的性能比较

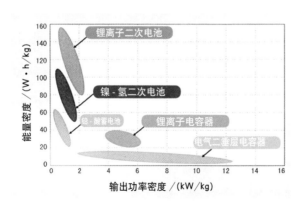

2.2.2 二次电池的早期代表——铅－酸蓄电池

  铅－酸蓄电池由于性价比高、功率特性好、自放电小、高低温性能优越、运行安全可靠、回收技术成熟以及铅的再利用率高等优点，长期以来一直是世界上产量最大的二次电池产品，其产值及销售额至今仍占全球电池的一半，占二次电池的70%。据不完全统计，我国铅－酸蓄电池销售总额达800多亿元，已经发展成为全球铅－酸蓄电池的生产基地。

  铅－酸蓄电池的电化学表达式为：$(-)Pb|H_2SO_4|PbO_2(+)$。其主要结构包括正极、负极、隔板和电解液四个部分，另外还有蓄电池槽、盖子、安全阀等。在生产应用中，正负极分别焊接成极群，然后由汇流排引出成极柱。铅酸蓄电池使用的电解液是一定浓度的硫酸电解液。另外，隔板的作用是将正负极隔开，它由电绝缘体（如橡胶、塑料、玻璃纤维等）构成，要求耐硫酸腐蚀、耐氧化，还要有足够的孔率和孔径，以便能让电解液和离子自由穿过。槽体也需具有电绝缘性，并且也要具有耐酸、耐温范围宽、机械强度高等特点，一般用硬橡胶或塑料作槽体。

  铅－酸蓄电池在放电前处于完全充足电的状态，即正极板为多孔性的活性物质二氧化铅（PbO_2），负极板为多孔性的活性物质铅（Pb），正负极板浸入硫酸（H_2SO_4）溶液中。充电时，正极上二氧化铅与硫酸作用，生成过硫酸铅，负极上Pb失去电子生成Pb^{2+}，而放电过程为其可逆过程，铅－酸蓄电池的充放电过程可以概括为：

$$PbO_2+Pb+2H_2SO_4 \rightleftharpoons 2PbSO_4+2H_2O \qquad (2-2)$$

本节重点
(1) 为提高能量密度和功率密度，应选择哪些正极和负极材料？
(2) 举例说明二次电池充电时由电能转化为化学能的过程。
(3) 举例说明二次电池放电时由化学能转化为电能的过程。

铅－酸蓄电池（二次电池）的充放电过程

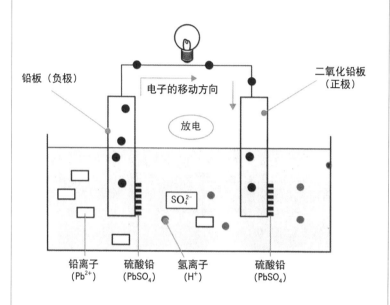

铅板（负极）

电子的移动方向

放电

二氧化铅板
（正极）

SO_4^{2-}

铅离子
(Pb^{2+})

硫酸铅
($PbSO_4$)

氢离子
(H^+)

硫酸铅
($PbSO_4$)

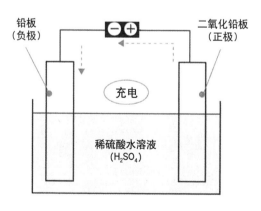

铅板
（负极）

二氧化铅板
（正极）

充电

稀硫酸水溶液
(H_2SO_4)

2.2.3 铅－酸蓄电池已历逾一个半世纪

1859 年，法国人普兰特（Gaston Plante）发明了铅－酸蓄电池，虽已历逾一个半世纪，但作为二次电池的原型，至今仍广泛应用。

最初的铅－酸蓄电池，是用布将相互绝缘的两块铅板卷绕，并将其浸入盛有稀硫酸的容器中。正极的二氧化铅与稀硫酸发生反应生成硫酸铅，同时产生水，产生的电子提供给电解液；负极的铅变为硫酸铅，开路时处于多电子状态，接通电路时向外供给电子。

1880 年，卡米·弗尔（法）发明了浆料（paste）式极板电池，随着铅锑合金格子的出现，铅－酸蓄电池进入量产化。

日本自 1895 年由岛津源 藏最早成功制作蓄电池以来，从 19 世纪末到 20 世纪初，蓄电池逐渐从固定装置用，可搬动装置用，直到电动汽车用等，作为大容量电池的铅－酸蓄电池多被采用。

进入 20 世纪 30 年代，随着玻璃栅式及包覆式极板的实用化，由于良好的耐震性，铅－酸蓄电池在产业车辆方面发挥了重要作用。

铅－酸蓄电池中每个单电池的输出电压为 2V，而对于汽车等用途，通过在电池箱的槽中将单电池串联可输出 12V 或 24V 的电压。

放电时，正极的二氧化铅变成硫酸铅，负极的铅也变成硫酸铅。随着反应的进行，这种硫酸铅的硬结晶物容易引起所谓"硫酸盐化现象"，若在这种状态下充电，除了难以恢复到原始状态之外，承受过放电的能力也会变弱。

关于正极的构造，有浆料式和包覆式两种。前者是将电极按格子状并排，再将由二氧化铅和硫酸铅混合而成的浆料涂敷在格子上，构成正极；后者由玻璃纤维等织物等包覆二氧化铅棒，再将其并排构成正极，这种蓄电池的可靠性更高。

通常的铅－酸蓄电池由于电解液为液体，需要严防倾倒。为了解决这一问题通过用不织布浸含并保持硫酸的密闭式铅－酸蓄电池也早已问世。

本节重点
（1）说明铅-酸蓄电池放电时氧化铅的减极化作用。
（2）何谓铅-酸蓄电池电极的自硫酸盐化现象？如何防止？

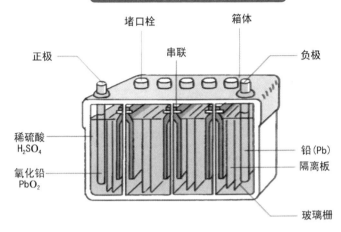

铅 – 酸蓄电池的结构

堵口栓　　箱体
正极　　串联　　负极
稀硫酸 H_2SO_4
氧化铅 PbO_2
铅（Pb）
隔离板
玻璃栅

放电时

　　铅-酸蓄电池放电时，氧化铅兼作减极化剂，具有防止氢发生的作用。由此可避免由氢分子引发的极化作用，从而可维持电池的稳定。而且，反应中水量增加会导致硫酸的浓度降低，因此，随着放电的继续进行，电池性能会不断下降，在实际使用中，当电压下降至约1.8V时，则需要充电。

充电时

　　充电时，由外部施加高于2.0V的直流电压。这样，因放电而增加的硫酸铅中，由于铅离子带正电而向负极移动，在负极获得电子而还原为铅。由于硫酸根离子带负电而向正极移动，并放出电子，马上与水反应，产生硫酸和氧。该氧与正极的铅化合形成氧化铅，返回到放电前的状态。

2.2.4　铅－酸蓄电池的充放电反应

铅－酸蓄电池作为一种成熟商品的历史已经超过一个世纪。由于铅－酸蓄电池在能量储存、紧急供电、电动车和混合动力电动车等新领域的应用，同时也由于车辆的增加、引擎启动、车辆照明、引擎点火等用电池数量的增加,使得铅－酸蓄电池的生产和使用量不断增加。铅－酸蓄电池广泛用于电话系统、电动工具、通信装置、紧急照明系统，也可用于采矿设备、材料搬运设备等为其提供动力。

依铅－酸蓄电池型号、尺寸而异,容量可在 1 ～ 10000A·h 范围内选择。

铅－酸蓄电池以二氧化铅作为正极活性物质，高比表面积多孔结构的金属铅作为负极活性物质，电解质在充电状态下是相对密度为 1.28 或质量分数为 37% 的硫酸溶液。电池放电时，两个电极的活性物质分别转变为硫酸铅;充电时，反应向反方向进行。

本节重点

(1) 写出铅 - 酸蓄电池正极充电、放电时的化学反应式。

(2) 写出铅 - 酸蓄电池负极充电、放电时的化学反应式。

铅 - 酸蓄电池

主要用于汽车电源,而电动
叉车、高尔夫手推车、电动
自行车、残疾人用车等也多
有采用。

放电时的反应

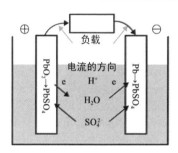

①正极:氧化铅变为硫酸铅,同时
产生水,而提供给电解液电子。
$$PbO_2+4H^++SO_4^{2-}+2e \longrightarrow$$
$$PbSO_4+2H_2O$$
②负极:铅变为硫酸铅,并向电极
供给电子。
$$Pb+SO_4^{2-} \longrightarrow PbSO_4+2e$$

充电时的反应

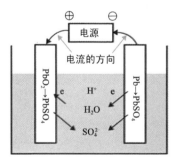

①正极:由电解液供给电子,硫酸
铅变为氧化铅,并消耗水。
$$PbSO_4+2H_2O \longrightarrow$$
$$PbO_2+4H^++SO_4^{2-}+2e$$
②负极:硫酸铅变为铅,同时向电
解液供给电子。
$$PbSO_4+2e \longrightarrow Pb+SO_4^{2-}$$

2.2.5 镍－镉电池

　　镍－镉电池最大的特点是循环寿命长，可达 2000～4000 次。其优点是电池结构紧凑、牢固、耐冲击、耐振动、自放电较小、性能稳定可靠、可大电流放电、使用温度范围宽；缺点是电流效率、能量效率、活性物质利用率较低，价格较贵，特别是镉的毒性。工业上生产的大容量电池，仍以极板盒式电池为主。中、小容量电池多为半烧结式或烧结式、密封箔式。

　　电池工作原理：电池负极为海绵状金属镉，正极为氧化镍，电解液为 KOH 或 NaOH 水溶液。电池放电时，负极镉被氧化，生成氢氧化镉；正极氧化镍接受由负极经外电路流来的电子，被还原为 $Ni(OH)_2$。充电时变化正好相反。由电池反应式知，电池放电过程消耗水，充电过程生成水。氧化镍是一种 p 型氧化物半导体，电池放电时，在氧化镍电极、溶液界面上，氧化还原过程是通过半导体晶格中的电子缺陷和质子缺陷的转移来实现的。镉电极的反应利用了溶解沉积机理，放电产物 $Cd(OH)_2$ 疏松多孔，不影响 OH^- 的液相迁移，可使电极内部继续氧化。所以，镉电极活性物质利用率较高。

　　镍－镉电池的标准电动势为 1.33V，充足电时的开路电压可达 1.4V 以上。当电池放置一段时间后，开路电压降至 1.35V 左右。电池的理论容量为 161.6A·h/kg，一般正极活性物质利用率为 70% 左右，负极活性物质利用率为 75%～85%，密封式镍－镉电池正极活性物质利用率为 90% 左右，但负极活性物质利用率只有 50% 左右。

本节重点
　（1）镍-镉电池中正极、负极、电解液各由什么材料构成？
　（2）写出镍-镉电池中正极充电、放电时的化学反应式。
　（3）写出镍-镉电池中负极充电、放电时的化学反应式。

镍－镉 (Ni-Cd) 电池

可再充电电池

识别色（暗黄绿色）

可再充电

• 比较强的过充电、过放电性
• 具有存储效应
• 自然放电相对较大

放电时的反应

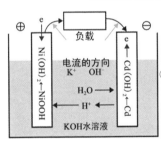

⊕ e
负载
电流的方向
K⁺ OH
H₂O →
← H⁺
KOH水溶液

① 负极：金属镉与水发生反应生成氢氧化镉，同时有电子和氢离子产生。
$$Cd+2H_2O \longrightarrow Cd(OH)_2+2H^++2e$$
② 正极：羟基氧化镍与上述反应产生的氢离子及电子反应产生氢氧化镍。
$$NiOOH+H^++e \longrightarrow Ni(OH)_2$$

充电时的反应

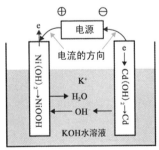

⊕ ⊖
电源
电流的方向
K⁺
→ H₂O
← OH
KOH水溶液

① 负极：氢氧化镉接受从电源供给的电子变为金属镉，与此同时产生氢氧根离子。
$$Cd(OH)_2+2e \longrightarrow Cd+2OH^-$$
② 正极：氢氧化镍与氢氧根离子发生反应，生成羟基氧化镍，在产生水的同时，向电极供给电子。
$$Ni(OH)_2+OH \longrightarrow NiOOH+H_2O+e$$

2.2.6 镍－氢电池

　　密封镍－氢蓄电池结合了蓄电池技术和燃料电池技术，氧化镍正极源自镍－镉电池，氢负极源自燃料电池。镍－氢电池体系的主要优点有质量比能量高、循环寿命长、在轨寿命长、耐过充电、耐过放电、氢气压力指示荷电状态。但是它有初始成本高、自放电与氢气压力成比例、体积比能量低等缺点。镍－氢电池主要应用于空间领域，如许多航天器的储能分系统、地球同步轨道（GEO）商业通信卫星、低地球轨道（LEO）卫星、哈勃太空望远镜等，近年来地面应用计划已开始实施，如长寿命无人值守光伏电站。

　　（1）过充电　在过充电过程中，正极产生氧气。等量的氧气和氢气经铂催化，在负极上发生电化学复合反应。同样，在持续的过充电过程中，电池内KOH溶液的浓度或水的总量不发生变化。氧气在铂负极上的复合速率非常快，只要能将热量及时从电池中传导出去以避免发生热失控，即使以很高的充电率进行持续过充电，电池也能承受。

　　（2）过放电　在电池过放电过程中，正极产生氢气，同时负极以同样的速率消耗着氢气。因此，电池可以持续过放电，而且不会出现氢气压力的积累或电解质浓度的改变。

　　（3）自放电　镍－氢电池的极组被一定压力的氢气包围。一个显著的特点是氢气通过电化学反应而非化学反应还原氧化镍。实际上，氧化镍也发生化学还原，只是速率非常慢，对电池在空间应用中的性能没有影响。

本节重点
（1）镍-氢电池中正极、负极、电解液各由什么材料构成？
（2）写出镍-氢电池中正极充电、放电时的化学反应式。
（3）写出镍-氢电池中负极充电、放电时的化学反应式。

镍－氢 (Ni-MH) 电池

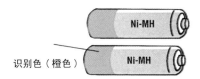

识别色（橙色）

放电时的反应

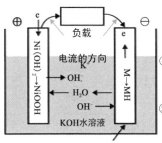

负载
电流的方向
储氢合金

①负极：MH（吸存氢 H 的储氢合金 M）。放出电子的氢离子与氢氧根离子反应生成水。

$MH+OH^- \longrightarrow M+H_2O+e$

②正极：接受电子，水和羟基氧化镍反应生成氢氧化镍和氢氧根离子。

$NiOOH+H_2O+e \longrightarrow Ni(OH)_2+OH^-$

充电时的反应

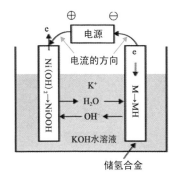

电源
电流的方向
储氢合金

①负极：水分离为氢氧根离子和氢离子，氢离子接受电子变为 MH（被 M 吸存的氢）。放出氢氧根离子。

$M+H_2O+e \longrightarrow MH+OH^-$

②正极：氢氧根离子与氢氧化镍反应，生成羟基氧化镍和水，并向电极供给电子。

$Ni(OH)_2+OH^- \longrightarrow NiOOH+H_2O+e$

2.2.7 镍－锌电池

镍－锌电池是一种碱性蓄电池，它将镍－镉、铁－镍和金属氢化物－镍电池中的镍电极以及与锌－银电池中的锌电极集成在一起。目前，根据具体的设计，镍－锌电池的质量比能量为 50 ~ 60W·h/kg，体积比能量为 80 ~ 120W·h/L。在放电深度为 100% 的情况下，电池的循环寿命可达 500 次以上，当放电深度降低时，可高达几千次循环。镍－锌电池的优点主要有质量比能量高、循环性能好、原材料丰富、成本低、环保。锌－镍电池适用于许多商业应用，如电动自行车、电动摩托车、草坪和花园用电动设备以及要求能进行深放电循环的舰艇。

镍－锌电池体系采用镍／氧化镍电极作为正极，锌／氧化锌电极作为负极。当电池放电时，碱式氧化镍被还原为氢氧化镍，金属锌被氧化为氧化锌／氢氧化锌。该电池的理论开路电压为 1.73V。当电池过充电时，镍电极上析出氧气，锌电极上析出氢气，氢气和氧气随后复合成水。另外，过充电期间镍电极上析出的氧气可以在锌电极上与金属锌直接复合。如果电池过放电，镍电极上将析出氢气，锌电极上将析出氧气。在实际电池中，以上反应受到正、负极活性物质配比和活性物质利用率的影响。

镍－锌电池的理论质量比能量为 334W·h/kg，这一性能使镍－锌电池对于许多应用都非常具有吸引力。根据具体的设计，实际上镍－锌电池的负载放电电压为 1.55 ~ 1.65V，质量比能量为 70W·h/kg，这仅相当于理论值的 20%，可见镍－锌电池还有进一步发展的空间。

本节重点
(1) 镍-锌电池中正极、负极各由什么材料构成？
(2) 写出镍-锌电池中正极充电、放电时的化学反应式。
(3) 写出镍-锌电池中负极充电、放电时的化学反应式。

镍－锌 (Ni−Zn) 电池的充、放电反应

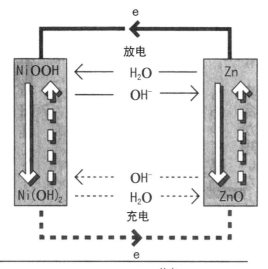

正极反应：$NiOOH+H_2O+e \underset{充电}{\overset{放电}{\rightleftharpoons}} Ni(OH)_2+OH^-$

负极反应：$Zn+2OH^- \underset{充电}{\overset{放电}{\rightleftharpoons}} ZnO+H_2O+2e$

全体反应：$2NiOOH+Zn+H_2O \underset{充电}{\overset{放电}{\rightleftharpoons}} 2Ni(OH)_2+ZnO$

$$E^{\ominus}=1.73V$$

2.3 二次电池的特性
2.3.1 二次电池的特性对比

如今二次电池种类繁多，不同种类的二次电池在性能、价格、稳定性、环保等方面也存在着显著差异。根据正极活性物质的状态，可以将二次电池（关于锂离子电池，请见5.11～5.13节）分为三大类：气态、固态和液态。

正极活性物质为气态的二次电池主要是金属－空气电池，包括锌－空气电池、铝－空气电池、铁－空气电池、镁－空气电池等，另外镍－氢电池等的正极活性物质也为气态。与镍－镉电池相比较，金属－空气电池可提供多10倍左右的电力，且极大地减少了充电时间；与锂离子电池相比较，它具有更大的能量密度和更高的循环寿命；尤其是在能量转换效率方面，比内燃机等能量转换设备高出很多。但是目前金属－空气电池也存在很多的挑战，一方面气体扩散电极是整个电池的能量转换器，气体扩散电极的质量与性能的优劣已成为二次电池发展的瓶颈，目前气体扩散电极存在的主要问题是使用寿命及催化活性。另一方面，金属作为二次电池的负极反应物，而氧气来自空气体系，所以金属－空气电池在工作时是一个开放的体系，而将金属暴露在空气中，即使在非工作状态中，活泼金属也会与空气中的氧反应，所以如何使金属－空气电池在工作时有足够的氧供应，而在非工作状态时能够隔绝空气，成为了金属－空气电池需要进一步研究的问题。

正极活性物质为固态的二次电池，又可以分为酸碱溶液系和非水系。酸碱溶液系主要包括铅－酸蓄电池、镍－镉电池、铁－镍电池等；非水系主要包括二氧化锰－锂电池、氧化钴－锂电池、硫化钴－锂电池等。

正极活性物质为液态的二次电池主要包括氧化还原电池和锌－溴电池。

本节重点

（1）针对表中前四种二次电池，分别介绍其构成及所用材料。
（2）针对表中前四种二次电池，分别介绍其工作电压、特长及用途。

主要二次电池的特征和用途

名称	负极活性物质	电解质	正极活性物质	工作电压 /V	特征及用途
锂离子二次电池	Li_xC_6	$LiPF_6$/EC 系混合溶剂	$Li_{1-x}CoO_2$ $Li_{1-x}Mn_2O_4$	约 3.6	高能量密度、高电压、高能量效率。根据用途需要可以制成圆筒形、纽扣形、方形等形状。凝胶聚合物电解质电池也在开发中
镍－氢蓄电池	M-H 金属氢化物	KOH	NiOOH	1.2	与镍－镉电池具有交换性不存在环境污染问题。可用于混合物动力车电池
铅蓄电池	Pb	H_2SO_4	PbO_2	2.0	在稳定的品质、高可靠性、经济性等方面具有综合优势。除了汽车动力用之外，还广泛用于各种移动电源、非常电源、不停电电源等固定电源。密闭化正不断取得进展
镍－镉蓄电池	Cd	KOH	NiOOH	1.2	比铅蓄电池价格高，但比镍－氢电池及锂离子二次电池价格便宜。寿命长且耐过充电、过放电能力强，保管、安装等容易。可以获得高出力。广泛用于电动工具、电动玩具等。Cd 对环境污染是一个难以解决的问题
锂二次电池	Li LiAl	Li 盐	V_2O_5, MnO_2 MoS_2, TiS_2 导电性聚合物等	约 3	微型电池中使用 Li，也使用 LiAl 合金。在寿命、安全性确保、可靠性等方面都取得实质性进展。正在开发大功率、高效能锂电池
锂聚合物二次电池	Li	亚氨盐 /PEO	V_2O_5 系	约 3	在 80℃ 左右的高温下工作。在温度保持、薄膜制作技术等方面都存在课题
氧化还原电池	V^{2+} Cr^{2+}	H_2SO_4 HCl	V^{5+} Fe^{3+}	1.4～0.9	可期待长寿命，若贮料罐很大可以实现大容量，因此实用于电贮存
铅－空气二次电池	Al	KOH	O_2	1.1	需要高能量密度的机械装料。包括 Al 再生在内的提高效率的探讨仍需进行
锌－空气二次电池	Zn	KOH	O_2	约 1.5	可实现高能量密度，但充电难
锌－溴二次电池	Zn	$ZnBr_2$ HCl	Br_2	1.7	可实现高能量密度、高充放电效率，以电力贮存为主要目的电池正在研究开发中
钠－硫二次电池	Na	β-Al_2O_3	Na_xS_y	约 2	可实现高能量密度、高充放电效率，以电力贮存为主要目的电池正在研究开发中

2.3.2 不同应用领域对二次电池的性能要求

　　所谓对二次电池充电，是使其发生与电池发电的反应完全相逆的化学反应。为使这种反应进行，需要从外部电源向电池投入电力进行电气分解。例如，丹聂耳电池，是以锌作为负极（阴极），铜为正极（阳极）由外加直流电源对 $ZnSO_4$ 水溶液进行电气分解，正极溶铜，负极析锌：

$$Cu+ZnSO_4 \longrightarrow Zn+CuSO_4 \qquad (2-3)$$

　　电池充电这件事看似容易，但其中发生的反应并不简单。为使电池的放电、充电能多次反复进行，要求充电时返回到与原来完全相同的状态。要不留任何反应痕迹地完全复原绝非容易做到。从上述反应式看，只要可逆反应进行，就可以返回到放电前的状态。但是，从充电镀锌时的表面状态看，并不能获得最初那样的光滑镀层。用显微镜观察，发现有枯枝状析出（称之为树枝状析出），表面非常粗糙，这样一部分锌就会脱落而丧失。

　　这就是为什么像丹聂耳电池这种简单的情况不能有效充电的原因。实际上，若锌负极能良好充电便可制成优秀的二次电池，为此进行了长期研究，但至今仍未找到良好的方法。这样，能否多次充电就成为二次电池的制约因素，而且它成为各种难解问题的交集。因此，二次电池的能量密度比一次电池要低。

　　由于一次电池电能耗尽后便废弃，因此多用于能量消耗较小的机器设备。与之相对，尽管二次电池能量密度低，但由于能反复充电，因此，既可用于能量消耗小的手机等，又可用于能量消耗大的电动汽车等。

　　具有以下特性的电池属于高性能电池：①能量密度高（单位质量或单位体积可取出更多的能量），为此，电池的电压要高，电池的容量要大，以便取出更多的电能；②电池的内阻要小（便于取出大电流，从而使电池的功率大）；③自放电少，可长时间保存；④安全性好，运输方便；⑤便宜；⑥环境友好。

　　以上几条为二次电池与一次电池的相同要求，但对二次电池来说，还应加上下述两条：⑦充电次数尽量多，循环寿命长；⑧可快速充电。

　　全部满足这些特性要求的二次电池目前还未发现，根据不同用途要求，有各种不同的二次电池可供用户选择。

本节重点
（1）为什么二次电池的能量密度比一次电池要低？
（2）高性能二次电池的标准有哪些？
（3）在图中添加锂离子电池的相关内容。

各种二次电池的特性

正极活性物质的状态		电池名称	反应式	电压（开路电压）/V
气体		锌－空气电池	$O_2+2Zn+2H_2O \rightleftharpoons 2Zn(OH)_2$	1.65
		铝－空气电池	$3O_2+4Al+6H_2O \rightleftharpoons 4Al(OH)_3$	2.75
		锌－空气电池	$Cl_2+Zn \rightleftharpoons ZnCl_2$	2.12
		镍－氢电池	$2NiOOH+H_2 \rightleftharpoons 2Ni(OH)_2$	1.50
溶液		氧化还原电池	$Fe^{3+}+Cr^{2+} \rightleftharpoons Fe^{2+}+Cr^{3+}$	1.00
		锌－溴电池	$Br_2+Zn \rightleftharpoons ZnBr_2$	1.82
固体	酸碱溶液系	铅蓄电池	$PbO_2+Pb+2H_2SO_4 \rightleftharpoons 2PbSO_4+2H_2O$	2.02
		镍－镉电池	$2NiOOH+Cd+2H_2O \rightleftharpoons 2Ni(OH)_2+Cd(OH)_2$	1.33
		镍－铁电池	$2NiOOH+Fe+2H_2O \rightleftharpoons 2Ni(OH)_2+Fe(OH)_2$	1.40
		镍－锌电池	$2NiOOH+Zn+2H_2O \rightleftharpoons 2Ni(OH)_2+Zn(OH)_2$	1.77
		氧化银－锌电池	$2AgO+Zn+H_2O \rightleftharpoons Ag_2O+Zn(OH)_2$	1.83
	非水系	二氧化锰－锂电池	尖晶石型 $MnO_2+Li \rightleftharpoons MnOOLi$	4.50
		氧化钒－锂电池	$V_2O_5+Li \rightleftharpoons V_2O_5Li$	3.50
		氧化钴－锂电池	$CoO_2+Li \rightleftharpoons CoO_2Li$	4.50
		硫化钼－锂电池	$MoS_2+Li \rightleftharpoons MoS_2Li$	2.40
		氧化锰－锂电池	$NiO_2+Li \rightleftharpoons NiO_2Li$	4.50

二次电池的主要应用领域

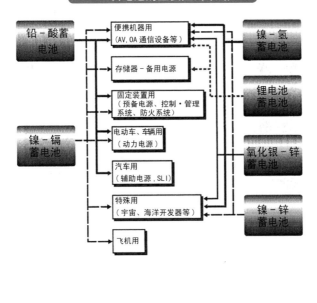

2.3.3　不同二次电池的放电特性比较

　　一般情况下，用一定的电流使蓄电池进行充电或放电时，都是用曲线来表示电池的端电压、电解液的相对密度以及电解液温度随时间所发生的变化，这样的一些曲线称为**电池的特性曲线**，表示电池的各种特性。

　　表中给出几种二次电池的放电特性曲线，同时给出这些电池的特长及主要用途等。放电特性曲线一般由三部分组成: 放电开始后几分钟,电压短时间急剧下降,这是第一部分;然后在第二部分电压缓慢降低;最后在第三部分，电压在极短的时间里迅速降低，接近零伏。第二部分的时间越长，这时的平均电压越高，越平坦，二次电池的特性也就越好。可以发现，特性曲线因电池和极板的种类不同而有很大差异。

本节重点

（1）何谓二次电池的特性曲线？它是如何得到的？
（2）二次电池的特性曲线由哪几部分组成？分别代表何种含义？
（3）如何由二次电池的特性曲线比较其性能？

几种二次电池（放电）特性比较

电池的种类	纽扣形碳锂二次电池	硬币形锰锂二次电池	镍氢电池	锂离子电池
记号	TC	ML	HR（圆筒形） HF（方形）	ICR（圆筒形） ICP（方形）
公称电压 /V	1.5	3	1.2	3.7
正极	钛酸锂	二氧化锰	羟基氧化镍	钴酸锂
负极	碳	锂铝合金	储氢合金	碳
电解液	有机电解液	有机电解液	氢氧化钾水溶液	有机电解液
放电特性				
使用温度范围 /℃	−20~60	−20~60	−20~60	−20~60
特点	•优良的循环特性 •宽广的充电电压范围 •优良的过充电特性	•3V 的高电压输出 •低的自放电率 •优良的循环特性 •优良的过充电特性	•与镍电池相同，输出电压 1.2V •能量密度大约是镍电池的两倍 •优良的负载特性 •优良的放电温度特性 •可能实现 1000 次的充放电循环	•3.7V 的工作电压和高能量密度 •优良的高负载特性 •−20 ~ 60℃优良的放电温度特性 •可控自放电的优良的储藏特性 •可发挥高经济性的约 5000 次的充放电循环
主要有途	•手表 •采用太阳能电池的混合电源 •手机等的 RTC 备用电源	•微型计算机 •手机 •照相机 •电子计算机 •摄像一体型照相机 •钟表 •带定时器的家电制品	•数码相机 •PDA •便携式音频播放器	•手机 •数字式摄像机 •便携式 AV 设备 •便携式游戏机 •PDA •无线机

2.3.4 二次电池应用于不同领域的发展势态

　　表中针对已实用化的二次电池，列出其名称、构成、工作电压、特长及用途等。

　　铅 - 酸蓄电池主要应用于汽车或摩托车启动、电动自行车、低速电动车、应急或备用电池和储能等领域，2012 年我国铅 - 酸蓄电池市场规模已经超过 1000 亿；由于其自身的优点以及技术进步，未来十年内铅 - 酸蓄电池仍将是电池市场的主流。镍 - 氢、镍 - 镉电池由于性能、环保、价格等方面的原因，除了特殊用途外，市场规模增长较慢。

　　按照锂离子电池应用领域不同，可将其划分为三类：消费类 3C 电池，要求能量密度大、安全系数高；动力电池，主要应用于新能源汽车上，要求功率密度大、快充性能好；储能类电池，主要用于职能电网等基站式储能场所，要求电池成本低廉、能量密度大。

　　目前锂离子电池已在民用和军用小型电器中普及。笔记本电脑、手机、数码相机、平板电脑、便携式游戏机等产品一般体积小、重量轻、便于携带，要求功能电池具备较高的比能量，这为锂电池的应用提供了广阔的天地；便携产品的持续发展，使得锂电池有着稳定的下游需求；随着锂离子电池成本的降低、性能的提高，其应用领域正不断扩展。

本节重点

（1）在质量和体积能量密度坐标系中标出各种二次电池的位置。
（2）按便携电子、动力、储能分别介绍对二次电池的要求。

已实用化的二次电池

项目	名称	构成			工作电压 /V	特长及用途
		正极活性物质	电解质	负极活性物质		
已普及的二次电池	铅－酸蓄电池	PbO_2	H_2SO_4	Pb	2.0	稳定的品质，适度的经济性。以汽车应用为中心已达最广泛的实用化
	镍－镉电池	NiOOH	KOH	Cd	1.2	价格高，但寿命长，保管、运行都比较方便，仅次于铅－酸蓄电池而获得广泛应用
	镍－氢电池	NiOOH	KOH	MH H_2	1.2	就能量密度，MH 型用于一般机器，H_2 型用于宇宙开发等特殊用途
	锂离子电池 锂电池	CoO_2 V_2O_5 MnO等	L盐 （有机电解液）	LiC_6 Li	3.6	锂离子型具有高能量密度，在便携设备方面已达实用化 金属锂电池在存储器－备用电源方面已达实用化
特殊用途，已少量实用化的二次电池	氧化银－锌电池	AgO	KOH	Zn	1.5	高能量密度、高输出密度，但寿命短、价格高。在火箭等特殊用途已达实用化
	镍－锌电池	NiOOH	KOH	Zn	1.3	在高能量密度等方面仅次于氧化银－锌电池。在便携设备方面已达实用化

2.4 二次电池的产业化现状
2.4.1 电动汽车的关键技术

为了大幅度削减温室效应气体的排放和减轻对化石燃料的依赖，世界各国都出现向新能源产业集中力量的动向。在此大潮流中，通过风力和太阳能发电，利用自然能大规模且高效率地制造电能以代替传统的化石能源，这种前沿高新技术的竞争正在激烈展开。

由美国的下一代电网的重建开始，能源产业正在发生新的变化，在世界舞台上占据着巨大市场，各国企业的竞争也愈发激烈。

着眼于全世界，造成地球温暖化的原因，大约有20%是由汽车引起的，如果将现有燃油汽车转变为电力驱动汽车，防止地球温暖化的效果将立竿见影。另外，伴随发展中国家燃油汽车的爆炸式增长，开发、生产及普及低价格的电动汽车迫在眉睫。

随着世界范围内针对燃料费、气体排放以及 RoHS、ELV 等指令或法规的颁布与实施，各国都集中力量开发满足各项环保法规要求的环境友好型汽车。

面对混合动力汽车（HEV）、纯电动汽车（EV），还有燃料电动汽车（FCV）等电动发动机车辆的巨大市场，高能量密度的二次电池、燃料电池的研发正在加速进行。

如何普及电动汽车的关键是二次电池性能的提高和低价格化，为此，以电池厂商为主，汽车厂商、零部件厂商、电池材料厂商等都投入到这一激烈的竞争中。

这些技术研究开发是以锂离子的低价格化和量产化为中心，下一代二次电池及超级电容器的开发也纳入人们的视野。

本节重点
（1）去化石燃料的趋势会产生巨大的新兴市场。
（2）电动汽车可以为削减 CO_2 的排放做出巨大贡献。
（3）二次电池的价格影响纯电动汽车的普及。

普及电动汽车的迫切要求

燃油汽车 电动汽车

若世界上的所有燃油汽车都转换成电动汽车，则CO_2的排放量会减少20%

满足各项环保法规的环境友好型汽车

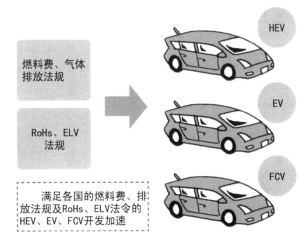

HEV

燃料费、气体排放法规

EV

RoHs、ELV法规

FCV

满足各国的燃料费、排放法规及RoHs、ELV法令的HEV、EV、FCV开发加速

名词解释

RoHs法令：关于电气、电子产品中禁止使用六种有害物质的法令。
ELV法规：关于汽车的循环性和规定禁止使用四种有害物质的法规。

2.4.2 二次电池与电动汽车

　　过度开发造成的环境污染和地球温暖化已威胁到人类的正常生活。针对"防止地球温暖化"为关键用语的新产业，各国政府都出台了新产业政策，进而导致产业结构的重大变革。其中受影响最大的也许就是汽车产业。

　　在政策引导和社会环保热情高涨的背景下，电动汽车的开发竞争进一步加速。电动汽车的机构相当简单，除了电池以外，都是已经确定的技术领域，故不需要大的开发投资。

　　与内燃机相比，电动汽车在排放和人体健康方面具有明显优势。全球二氧化碳排放有 23% 是交通运输造成的。这个比例到 2050 年可能会增加一倍。机动车辆还会给社会带来负担，特别是在城市环境中，它们是噪声和空气污染的罪魁祸首。正是为了避免这些问题，电动汽车被认为是让运输变得清洁的关键技术。

　　将汽车的动力源由内燃机置换为电动发动机，期待能量效率有四倍的提升，这意味着少排放该部分的 CO_2。进一步讲，若用太阳光及风力等自然能源进行充电，估计 CO_2 的排放量可以削减到内燃机的 1/10 以下。

　　电动汽车普及的关键是二次电池。现在锂离子电池的性能仍不完善，因此，世界上的许多企业、研究机关正加紧对下一代高性能二次电池的开发。开发的重点集中在提高能量密度（特别是体积能量密度），提高功率密度，确保安全性和降低价格等几个方面。

本节重点
（1）汽车产业正面临巨大的变革。
（2）电动汽车的 CO_2 排放量仅为燃油汽车的 1/10 甚至更低。
（3）下一代二次电池的开发正处于激烈的竞争之中。

汽车动力源的比较

燃油汽车

电动汽车

- 机构复杂
- 能量效率低
- 需要多级变速
- 转速为零时不能输出扭矩

- 机构简单
- 能量效率高
- 原则上不需要变速机构
- 转速为零时也能输出扭矩
- 行车时CO_2的排放量仅为燃油汽车的1/10甚至更低

下一代二次电池的性能目标

目前锂离子
电池的性能

- 能量密度 140W·h/kg
- 功率密度 1700W/kg

下一代二次电池
的性能目标

- 能量密度 >500W·h/kg
- 功率密度 >3000W/kg

2.4.3 二次电池的普及

电动汽车发展缓慢的主要原因是目前二次电池的性能仍不够理想，而且价格也高。

以日本的情况为例，2009 年锂离子电池的价格，对于大容量产品是 10 万～ 15 万日元／(kW·h)，而便携电子设备等用的小容量产品是 20 万～ 30 万日元／(kW·h)。

假定为 15 万日元／(kW·h)，可算得 2009 年发售的三菱汽车的 iMiEV 的电池的价格为 240 万日元。电池能量容量为 16kW·h，满充电时可行车车程为 160km。以每辆车的价格 400 万日元计，六成价格被电池所占。

假设可行车车程要达到 500km（约为目前的 3 倍），电池能量容量也要提升至目前的 3 倍，因此电池价格还会进一步升高。如果电池的价格不下降一个数量级，则不能达到与目前的汽车相对等的价格。

一方面，二次电池的价格不下降，燃油汽车向电动汽车的转换则难以明显发生。在此背景下，有人提出将二次电池作为社会公用化产品，而不含在车辆价格中，即租用（交换）二次电池的方案。使用者仅交付二次电池的一部分折旧费以及与所使用的电量相应的电费。如果所交费用与目前的燃油费差别不大，则电动汽车的普及会加速进行。

另一方面，还有充电时间过长的问题。汽车加油大约仅用 2 ～ 3min，而要将 iMiEV 的 10kW 完全充满，需要 1.6h。随着电池容量的增加，充电时间还会成比例加长。司机要想像汽车加油那样立等充电，目前看来并不现实。

与缩短充电时间达到同样效果的方法是采用上述的交换电池法。这需要在机械上采取措施。若乏电池卸下、满电池安装都能在很短的时间内完成，且能实现标准化等，则在所有电动汽车中均可推广使用。看来，二次电池作为社会公用化产品的发展前景是十分广阔的。

本节重点
（1）提高电动汽车用二次电池的容量和降低价格是当务之急。
（2）为什么提高功率密度也是必不可缺的？
（3）对于实用来说，缩短充电时间也是需要解决的问题。

需要降低二次电池的电价

面向汽车等的大容(能)量产品	10万～15万日元/(kW·h)
面向便携电子的小容(能)量产品	20万～30万日元/(kW·h)

对iMiEV的电池价格估算：16kW·h下可行车距离160km

①电池的容(能)量价格=16kW·h×15万日元/(kW·h)=240万日元

②对于行车距离达480km的情况：

=16kW·h×3×15万日元/(kW·h)=720万日元

电池的价格若不降低到现有价格的1/10以下，则不能实现与现有汽车同等的价格。

需要缩短二次电池的充电时间

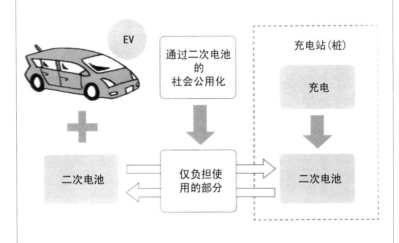

2.4.4　二次电池能量密度和功率密度的比较

自伏打（Volta）于 1799 年发明电池起至今，化学电池已经经历了 200 多年的发展。如今，已经商业化应用的二次电池种类繁多。从铅－酸蓄电池、镍－镉电池到绿色的镍－氢电池和锂离子电池，电池的能量密度不断提高，上图表示常用二次电池的容量密度。与铅－酸蓄电池、镍－镉电池、镍－氢电池比较，锂离子电池的能量密度要高得多，这是由于：

①正极反应和负极反应是基于锂离子的嵌入和脱嵌，承担该反应的电极材料的容量可以做得较高；

②电解质溶液在锂离子的嵌入和脱嵌反应中并不消耗，因此，电解质溶液的量可以控制在最小限度；

③作为电解质溶液，采用的是非质子性的有机溶剂，电池电压可以提高至 4.0V 左右，是镍－镉电池和镍－氢电池的 3 倍。

出于提高电动汽车续航能力、减少负载电池的重量和体积、缩短电动汽车充电时间、降低生产成本等目的，要求应用在汽车领域的动力型锂离子电池具备更高的能量密度和功率密度。顺便指出，在电动汽车等的实际应用中，一般会更重视体积能量密度。

下图表示不同电池的体积功率密度及体积能量密度与 EV（electric vehicle，电动汽车）、HV（hybrid electric vehicle，混合动力汽车）、PHV（plug-in vehicle，插电式混合动力汽车）所要求性能之间的关系。从图中可以看出，现有电池仅能满足部分要求，人们寄希望于正在开发的下一代电池，其中包括改进型锂离子电池、金属负极（Ca、Mg、Al）电池、锂－硫电池、锂－空气电池等。

本节重点
(1) 说出锂离子电池能量密度高于其他传统二次电池的理由。
(2) 提高能量密度和功率密度是电动汽车所必需的。
(3) 结合下图，说明 EV、HV、PHV 对下一代二次电池的要求。

开发中的二次电池

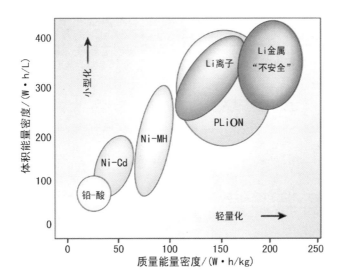

不同电池的体积功率密度及体积能量密度与 HV、EV、PHV 汽车所要求性能之间的关系

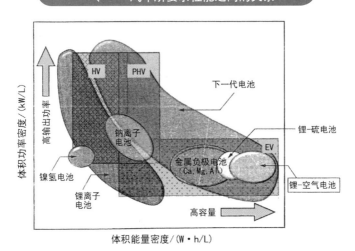

2.4.5 美国的"电池曼哈顿计划"

图中分别给出了日本的 NEDO、美国的 JCESR 各计划以及 Seeo 公司及 Sakti 3 公司的全固体二次电池的开发路线图。JCESR 发表了从 2013 年起在 5 年内使能量密度达到 5 倍，而价格降低到 1/5 的所谓 "5-5-5" 计划。Seeo 公司和 Sakti 3 公司的路线图也与此不相上下。

按照 JCESR/DoE 的 "5-5-5" 计划，在现有锂离子电池的基础上，到 2018 年开发出能量密度 400W·h/kg 及 400W·h/L，功率密度 800W/kg，价格 100 美元／(kW·h) 的电池。

图中同时给出美国 "电池曼哈顿计划"中"革新电池"的开发目标：能量密度 700W·h/kg，一次充电行走距离 700km，功率密度 1500W/kg，价格 1 万日元／(kW·h) 以下。若能实现这些目标，电动汽车对于常规动力汽车会形成真正意义上的挑战。

我国 2014 年和 2015 年动力电池的需求量分别是 5.98GW·h 和 16.90GW·h，年增长率达到 184.76% 和 184.76%；而与之相对应的新能源汽车产量在 2014 年、2015 年分别达到了 7.85 万和 34.05 万辆，年增长率高达 348.57% 和 333.75%。2016 年，我国新能源汽车销量 47.32 万辆，同比增速 61.45%，占全球销量 50% 以上。"十三五"规划中，计划 2020 年新能源汽车销量达到 200 万辆，保有量达到 500 万辆，产值规模达到 10 亿元以上，而作为新能源汽车核心之一的锂离子电池的发展空间极为广阔。

更有国外专家预计"到 2025 年，包括新大巴、新轿车、新拖拉机、新厢式货车等凡是靠轮子行驶的运输工具，都将是电动的，特别是自动驾驶电动车，全球都一样。"这种预计的根据是：①电动车辆的运行费用是矿物燃料汽车的 1/10，燃料边际成本几近于零；②预期使用寿命为 160 万千米，远高于矿物燃料汽车；③更适合自动驾驶，不仅行驶成本低，而且保险费可下降 90%。既环保、省钱，又便于自动驾驶，何乐而不为。

本节重点

(1) 介绍美国的"电池曼哈顿计划"的内容。
(2) 了解我国目前动力锂电池的能量密度和功率密度。

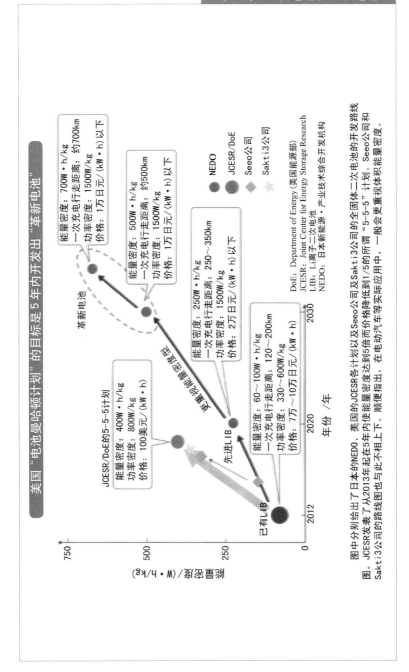

图中分别给出了日本的NEDO、美国的JCESR计划以及Seeo公司及Sakti3公司的全固体二次电池的开发路线图。JCESR发表了从2013年起在5年内使能量密度达到5倍而价格降低到1/5的所谓"5-5-5"计划。Seeo公司和Sakti3公司的路线图也与此不相上下。顺便指出,在电动汽车等实际应用中,一般会更重视体积能量密度。

二次电池中为什么讲正极和负极
而不讲阴极和阳极？

在日常生活中，经常听到正、负，阴、阳这两对描述词。正有正面、增加、盈余、阳刚之意，负有负面、减少、亏空、阴柔之意。彼此的同义语在一般电路、电场情况下可以混用。但在电化学、腐蚀、电池等领域，正、负，阴、阳若不加区别混用，往往引起混淆，使用时要格外小心。

首先，要从正极、负极，阴极、阳极的定义谈起。

正极、负极是相对于电位的高低而言，电位高的为正，电位低的为负；阴极、阳极是相对于氧化还原反应而言，被氧化的为阳极，被还原的为阴极。

对于一般电路来说，电源正极指正电荷流出的一端，负极指正电荷流入的一端，电源的正极电位高，负极电位低；电路正极指电位相对较高的一端，也是正电荷流出的一端，负极指电位相对较低的一端，也是正电荷流入的一端。此时正和阳、负和阴似乎有异曲同工的含义。

而对于一次电池来说，从外电路看，正电荷从正极流向负极，电位降低；而从电池内部看，流出电子的发生氧化，即为阳极，得到电子的发生还原，即为阴极。此时电池的阳极与外电路的正极相统一，电池的阴极与外电路的负极相统一。但是，在电池内部看，即使电子从阳极到阴极或正电荷载体从阴极到阳极，由于化学能转变为电势能，其电位不是下降而是上升。这样，阳极对应着负极，而阴极对应着正极。

特别是在二次电池中，充电过程中发生的离子反应是放电过程中发生离子反应的逆反应。此时的二次电池作为一个电解池，其阴极是放电时的阳极，阳极是放电时的阴极。不仅阴极、阳极来回颠倒，而且，阴极、阳极与正极、负极的对应关系与放电时正好相反。但若使用正极和负极，则可避免阴极、阳极颠倒轮换之苦，充电时正极是作为用电器的正极，放电时正极是作为电源的正极，尽管在两种情况下电流的方向是相反的，阴极、阳极是互换的，但正极和负极却不发生变化。

3

第 章

锂离子电池

书角茶桌

3.1 锂离子电池的工作原理
3.1.1 锂离子电池的发展经历

按照电池充放电原理的不同，锂系电池可以分为锂金属电池和锂离子电池两类。锂金属电池的概念最早由美国著名化学家路易斯于 1912 年提出，直到 1962 年人们才开始以金属锂为负极的二次电池的研究。

20 世纪 70 年代，以锂金属为负极的二次电池吸引了很多研究人员的关注，这不仅因为锂是最轻的金属元素，具有很高的储电容量（3860mA·h/g），而且锂具有很低的电化学还原电位（-3.045V），由其制备的二次电池有望获得非常高的能量密度。但是，使用锂金属作负极材料，在电池反复充放电过程中，负极锂金属表面会形成锂枝晶，刺穿隔膜，导致电池短路和爆炸，带来安全隐患。因此，研究关注点逐渐转移到嵌锂负极材料上。

1972 年，Armand 等提出了摇椅式电池的概念，指出若采用锂离子嵌入化合物为正负极材料，在充放电过程中，Li^+ 可以在正负极层状化合物之间不停地来回嵌入／脱出，整个过程犹如摇椅。至此，锂离子电池的概念开始走入人们的视线。1980 年 Goodenough 等首次提出使用 $LiCoO_2$ 作为锂离子电池的正极材料。1989 年 SONY 公司开发了第一款以 $LiCoO_2$ 为 Li 源正极、石油焦为负极、锂盐 $LiPF_6$ 溶于碳酸乙烯酯和碳酸丙烯酯混合液为电解液的可充放二次锂离子电池，并于 1991 年实现商业化生产，锂离子电池时代由此开启。表中列出锂离子电池的发展经历。

本节重点
(1) 锂系电池有锂金属电池和锂离子电池之分。
(2) 以锂金属作为负极的二次电池有何优势？遇到哪些难以解决的问题？

锂二次电池的发展经历

时间	电池组成的发展			体　系
	负极	正极	电解质	
1958年			有机电解液	
20世纪	金属锂	过渡金属硫化物 (TiS_2, MoS_2)	液体有机电解质	$Li/LE/TiS_2$
70年代	锂合金	过渡金属氧化物 (V_2O_5, V_6O_{13}) 液体正极 (SO_2)	固体无机电解质 (Li_3N)	Li/SO_2
20世纪	Li的嵌入物 $(LiWO_2)$	聚合物正极 FeS_2正极 砷化物 $(NbSe_3)$ 放过电的正极 $(LiCoO_2, LiNiO_2)$	聚合物电解质	Li/聚合物二次电池 $Li/LE/MoS_2$ $Li/LE/NbSe_3$ $Li/LE/LiCoO_2$
80年代	Li的碳化物 (LiC_{12})（焦炭）	锰的氧化物 $(Li_2Mn_2O_4)$	增塑的聚合物电解质	$Li/PE/V_2O_5, V_6O_{13}$ $Li/LE/MnO_2$
1990年	Li的碳化物 (LiC_6)（石墨）	尖晶石氧化锰锂 $(LiMn_2O_4)$		$C/LE/LiCoO_2$ $C/LE/LiMn_2O_4$
1994年	无定形碳		水溶液电解质	水锂电
1995年		氧化镍锂	PVDF凝胶电解质	聚合物锂离子电池（准确地应称为"凝胶锂离子电池"）
1997年	锡的氧化物	橄榄石形$LiFePO_4$		
1998年	新型合金		纳米复合电解质	
1999年				凝胶锂离子电池的商品化
2000年	纳米氧化物负极			
2002年				$C/$电解质$/LiFePO_4$
2008年	掺杂导电聚合物			掺杂/嵌入复合机理的水锂电
2009年/ 2010年			PE或LE/水溶液 电解质	充电式锂-空气电池

注：LE为液体电解质，PE为聚合物电解质。

3.1.2　锂离子电池的工作原理

　　锂离子电池的工作原理及商用产品结构如图所示。

　　由图中（a）可以看出，正、负极材料，正、负极集流体，电解液，隔膜等材料是锂离子电池的重要组成部分。

　　其中正、负极材料在电池中是电化学反应的参与者、锂源的提供者，其性能决定了电池的能量密度、循环寿命及工作电压。正、负极集流体在电池中主要起到传导电子，形成电流回路的作用；在电池工作电压窗口内起到保持电化学稳定，避免参与反应的作用，因此，目前常用负极集流体为铜箔，正极集流体为铝箔。

　　电解液在电池中主要起到离子传输，从而实现电荷转移的作用，目前商业化的电解液多为1mol/L锂盐（$LiPF_6$）溶于由多种有机溶剂按一定体积比组成的混合有机液体中，如由体积比为1：1：1的碳酸乙烯酯（EC）、碳酸甲乙酯（EMC）、碳酸二甲酯（DMC）构成的混合溶剂，以及由体积比为1：1的碳酸乙烯酯（EC）、碳酸二乙酯（DEC）构成的混合溶剂等。

　　隔膜在电池中主要起到物理隔绝正负极，避免电池发生短路的作用，为了保证在电池循环过程中，电池内应力不断波动的情况下不破裂，隔膜应具有较佳的力学性能，同时，由于隔膜长期处于电池环境中，还要求其应具有较高的化学稳定性，目前常用的隔膜多为具有微孔结构的柔性聚合物，如聚丙烯（PP）和聚乙烯（PE）。

　　电池正常工作时，锂离子经由中间的电解质往返脱嵌于电极材料，电子则通过外电路的迁移而形成电流。具体来说，充电时锂离子从正极材料中脱嵌出来通过电解质迁移至负极材料，同时从正极失去的电子经由外电路也迁移至电池负极，此时从正极材料中脱嵌出来的锂离子与从外电路迁移过来的电子在负极处结合完成电池的充电过程；而在放电时锂离子经由电解质嵌入正极材料中，同时从负极失去的电子经由外电路也迁移至电池正极，此时嵌入正极材料的锂离子与从外电路迁移过来的电子在正极处结合完成电池的放电过程。

本节重点

　　（1）锂离子二次电池为何开始被称为"摇椅电池"？
　　（2）指出锂离子电池的四大组成部分。

锂离子电池的工作原理及商用产品结构

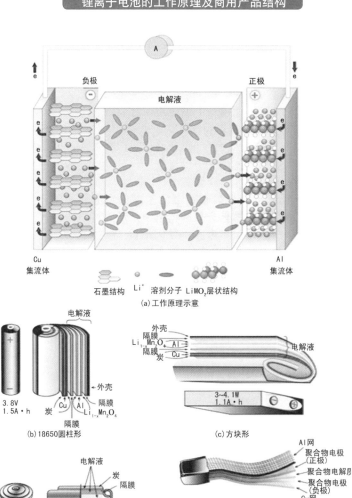

(a) 工作原理示意

(b) 18650圆柱形

(c) 方块形

(d) 纽扣形

(e) 软包形

3.1.3　锂离子电池的应用——以移动电子产品为例

锂离子二次电池的主要优点包括以下几个方面：

①能量密度高，它的比容量可以达到 150W·h/kg 以上，是铅－酸电池的 6 倍，镍－镉电池的 2.5 倍；

②锂离子电池的单体额定电压较高，一般为 3.6V，最高可超过 4V；

③自放电率比较低，一般小于 8%；

④无污染，是真正的绿色环保电池；

⑤没有记忆效应（一般只会发生在镍－镉电池、镍－氢电池，发生的原因是由于电池重复的部分充电与放电不完全所致，会使电池暂时性的容量减小）。

由于锂离子电池具有输出电压高、能量密度高、便于充放电等优点，其应用首先在移动电子产品领域获得极大成功。目前，在手机、笔记本电脑、数码相机、便携式小型电器、航天等领域可以说是无时不用无处不用。

家电及 IT 机器等大多数都需要几种不同的电压，以下图所示的笔记本电脑为例，其液晶显示器工作用 12V，IC 工作用 5V，DVD-R 驱动电动机用 12～16V，USB 端子工作用 5V，若背光源采用的是冷阴极管荧光灯则要求数百伏。由于不可能同时采用 5V、12V、数百伏等所有电压的电池，故需要由一个电池藉由电压变换器经变换来实现。对于这种应用要求，能量密度高、输出电压高的锂离子电池可以说是再合适不过了。

本节重点

（1）锂离子二次电池的优点有哪些？
（2）为什么锂离子二次电池首先在便携电子产品中得到推广使用？
（3）以笔记本电脑为例，说明使用锂离子二次电池的便利之处。

锂离子电池工作原理示意

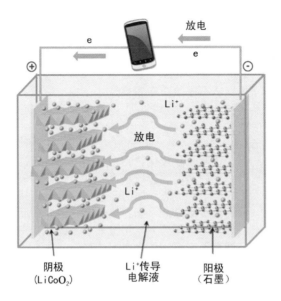

阴极
(LiCoO$_2$)

Li$^+$传导
电解液

阳极
(石墨)

一个笔记本电脑中就要求几种不同的电压

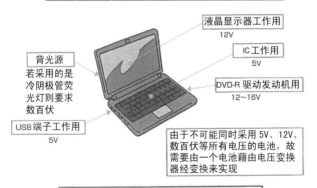

液晶显示器工作用
12V

IC工作用
5V

DVD-R 驱动发动机用
12~16V

背光源
若采用的是
冷阴极管荧
光灯则要求
数百伏

USB端子工作用
5V

由于不可能同时采用 5V、12V、
数百伏等所有电压的电池，故
需要由一个电池藉由电压变换
器经变换来实现

家电及 IT 机器等大多数都需要几种不同的电压

3.1.4　锂离子电池的充放电过程

　　锂离子电池曾被看成是一种锂离子浓差电池，正、负极由两种不同的锂离子嵌入（插入）化合物组成。通常情况下，锂离子电池的正、负极均采用可供锂离子自由脱嵌的活性物质。比如将 $LiCoO_2$ 与高导电碳材料复合金属氧化物涂布在铝集流体上构成正极，将石墨涂布在铜集流体上构成负极。两极之间插入聚烯烃薄膜状隔板（隔膜），电解液为溶解在有机溶剂中的六氟磷酸锂。

　　上图表示锂离子电池的充放电过程。充电时，在外加电场的驱动下，锂离子从氧化物正极晶格脱出，通过锂离子传导性的有机电解液后通过隔膜迁移插入到碳材料负极，负极处于富锂态，正极处于贫锂态，同时电子的补偿电荷从外电路供给碳负极，保证负极的电荷平衡；放电时则恰好相反，锂从碳材料中脱出回到氧化物正极中，正极处于富锂态。充、放电过程中发生的是锂离子在正、负极之间的移动，在正常充、放电情况下，锂离子在层状结构的碳材料和层状结构的氧化物层间的嵌入和脱出，一般只会引起层间距的微小变化，而不会引起晶体结构的破坏。伴随充、放电的进行，正、负极材料的化学结构基本不变。因此从充、放电反应的可逆性来讲，锂离子电池中的反应是一个理想的化学反应。其中充、放电过程类似一把摇椅，故锂离子二次电池早期曾被称为“摇椅电池”（rocking chair batteries，简称 RCB）。

　　下图以 IC18650 为例，表示锂离子电池的充电特性。可以看出，若想充电量达到 100%，所用时间达 2h 以上，是相当长的。这是由于当充电量达到一定程度时，不仅作为负极的石墨中容纳锂离子的位置越来越少，而且已充在石墨层间的锂离子会对新来的锂离子产生越来越大的排斥作用，致使充电电流越来越小，从而充电越来越慢。

　　如何缩短充电时间也是目前动力用二次电池的开发重点之一。

本节重点
　　（1）说明锂离子电池的充电过程。
　　（2）说明锂离子电池的放电过程。
　　（3）解释锂离子电池充电过程中充电越来越慢的原因。

锂离子电池的原理与充、放电反应

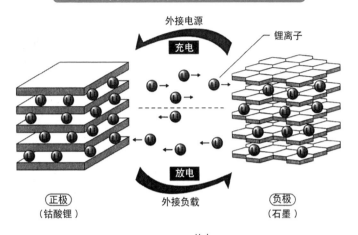

正极反应：$CoO_2 + Li^+ + e \xrightleftharpoons[\text{充电}]{\text{放电}} LiCoO_2$

负极反应：$LiC_6 \xrightleftharpoons[\text{充电}]{\text{放电}} Li^+ + e + C_6$

全体反应：$CoO_2 + LiC_6 \xrightleftharpoons[\text{充电}]{\text{放电}} LiCoO_2 + C_6$

锂离子电池的充电特性（IC18650）

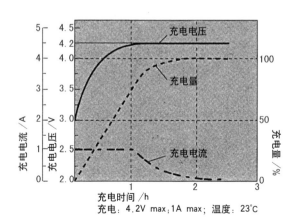

充电：4.2V max；1A max；温度：23℃

3.1.5 锂离子电池的充放电反应

电极材料对锂离子电池的电化学性能有重要影响，目前已经商业化的锂离子电池正极材料均是一些含有过渡金属的无机氧化物，主要包括层状结构的 $LiCoO_2$、三元材料 $LiNi_xCo_yMn_{1-x-y}O_2$、尖晶石结构的 $LiMn_2O_4$，以及橄榄石结构的富阴离子化合物 $LiFePO_4$ 和 $LiMnPO_4$ 等。随着人们对锂离子电池的研究越来越深入，一些新的正极材料也不断地被研究出来，如有机正极材料、富锂三元材料、高电压 $LiNi_{0.5}Mn_{1.5}O_4$ 及高 Ni 三元正极材料等。

锂离子电池负极材料一般是具有较高理论比容量的含碳类材料，主要包括具有层状结构的石墨以及中间相碳微球等（MCMB）。随着人们对锂电池储能密度要求的提高，一些具有更低放电平台、更稳定循环性能、更高放电比容量的负极材料被发现并进行深入研究，包括 Si、Li 等单质负极以及 $Li_4Ti_5O_{12}$ 等材料。

锂离子电池放电时，在负极，吸存锂离子的石墨向有机电解质放出锂离子，并向电极供给电子。充电时放出锂离子的正极，在放电时吸存锂离子和电子变成钴酸锂。

其反应如下：

① 负极：$Li_xC_6 \longrightarrow 6C + xLi^+ + xe$

② 正极：$Li_{1-x}CoO_2 + xLi^+ + xe \longrightarrow LiCoO_2$

锂离子电池充电时，在负极，采用石墨（碳的同素异形体）电极，在初始充电操作时，石墨层间吸存数量为 x 的锂离子。在正极，采用钴酸锂（$LiCoO_2$）电极，在充电操作时，数量为 x 的锂离子进入有机电解质，并向电极供给电子。

其反应如下：

① 负极：$6C + xLi^+ + xe \longrightarrow Li_xC_6$

② 正极：$LiCoO_2 \longrightarrow Li_{1-x}CoO_2 + xLi^+ + xe$

本节重点

（1）目前锂离子电池的正极和负极分别选用何种材料？

（2）写出锂离子电池放电时负极和正极的反应式。

（3）写出锂离子电池充电时负极和正极的反应式。

锂离子电池放电时的反应

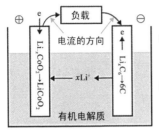

① 负极：在放电时，吸存锂离子的石墨向有机电解质放出锂离子，并向电极供给电子。

$$Li_xC_6 \longrightarrow 6C + xLi^+ + xe$$

② 正极：充电时放出锂离子的正极，在放电时吸存锂离子和电子变成钴酸锂。

$$Li_{-x}CoO_2 + xLi^+ + xe \longrightarrow LiCoO_2$$

锂离子电池充电时的反应

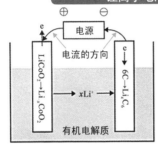

① 负极：采用石墨电极。在初始充电操作时，石墨层间吸存数量为 x 的锂离子。

$$6C + xLi^+ + xe \longrightarrow Li_xC_6$$

② 正极：采用钴酸锂（$LiCoO_2$）电极。在充电操作时，数量为 x 的锂离子进入有机电解质，并向电极供给电子。

$$LiCoO_2 \longrightarrow Li_{1-x}CoO_2 + xLi^+ + xe$$

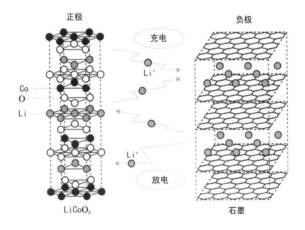

3.1.6 锂离子电池的结构和组装

　　以早期实现商品化的产品为例,上图表示圆柱形锂离子电池的结构。以铝箔作为正极集流体,采用 $LiCoO_2$ 复合金属氧化物作为正极材料在铝箔上形成正(阴)极,$LiCoO_2$ 容量一般限制在 125mA·h/g 左右,且价格高,约占锂离子电池成本的 40%;以铜箔作为负极集流体,负极采用层状石墨,在铜箔上形成负(阳)极,嵌锂石墨属于离子型石墨层间化合物,其分子式为 LiC_6,理论比容量为 372mA·h/g。电解质采用 $LiPF_6$ 的碳酸乙烯酯、碳酸丙烯酯和低黏度碳酸二乙烯酯(DEC)等烷基碳酸酯搭配的混合溶剂体系。隔膜采用聚烯微孔膜,如聚乙烯(PE)、聚丙烯(PP)或者二者的复合膜,尤其是 PP/PE/PP 三层膜,不仅熔点较低,而且具有较高的抗穿刺强度,起到了热保险作用。外壳采用钢或者铝板制作,盖体组织具有防爆、断电的功能,市场上也有采用聚合物作为外壳的软包装电池。

　　锂离子电池的制作工艺流程见下图主要由下述工序组成。

　　(1)制浆 用专用的溶剂和黏结剂分别与粉末状的正、负极活性物质混合,经高速搅拌均匀后,制成浆状的正、负极活性物质。

　　(2)涂装 将制成的浆状物均匀地涂覆在金属箔的表面,烘干,分别制成正、负极极片。

　　(3)装配 按正极片—隔膜—负极片—隔膜的顺序自上而下放好,经卷绕制成电池芯,再经注入电解液、封口等工艺过程,即完成电池的装配过程,制成成品电池。

　　(4)化成 用专用的电池充放电设备对成品电池进行充放电测试,对每一对电池都进行监测,筛选出合格的成品电池,待出厂。

本节重点
(1)从里到外说明锂离子电池的结构。
(2)介绍锂离子电池的组装工艺流程。
(3)如何保证负极和正极的电气连接以及电解液不泄漏?

锂离子电池的构造

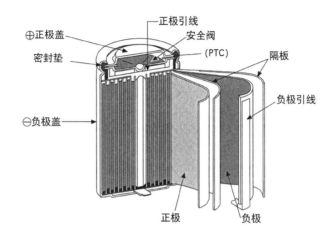

锂离子电池的组装工程

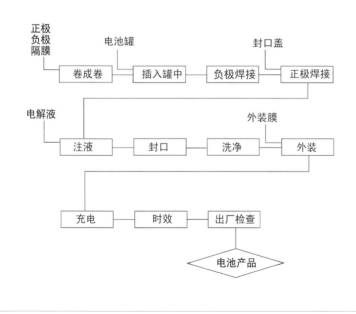

3.1.7 锂离子电池用的四大关键材料

现对锂离子电池的主要材料说明如下。

(1) 正极目前使用的主要有 $LiCoO_2$、$LiFePO_4$、$LiNiO_2$、$LiMn_2O_4$、$LiNi_xCo_yMn_zO_2$ 等。从电性能及其他综合性能来看，普遍采用 $LiCoO_2$ 作正极，即将 $LiCoO_2$、导电炭与黏结剂 (PVDF 或 PTFE 等) 混合，然后碾压在正极集流体 (铝箔) 上制成正极片。正在开发的有 NCA、高镍、新型固体电解质掺杂固溶体材料。

(2) 负极目前使用的有人造石墨、天然石墨改性材料、石墨碳包覆材料，一般是将石墨和黏结剂混合碾压在负极集流体 (铜箔) 上。正在开发的有低成本中间相沥青碳微球 (MCMB)、C/Sn 复合材料、C/Si 复合材料、CuSn 合金薄膜材料等。

(3) 电解液较好的是六氟磷酸锂 ($LiPF_6$)，但价格昂贵；其他有 $LiNsF_6$，但有很大的毒性；$LiClO_4$，具有强氧化性；有机溶剂有 DEC、DMC、DME 等。

(4) 隔膜材料目前使用的有干法聚丙烯材料、湿法聚丙烯材料、聚乙烯复合材料、陶瓷复合改性材料、隔膜纸采用微孔聚丙烯薄膜或特殊处理的低密度聚乙烯膜。正在开发的有干湿复合隔膜材料、阻燃隔膜材料、高分子表面修饰隔膜材料等。

另外还装有安全阀和 PTC 元件，保护电池在非正常状态及输出短路时不受损坏。此外还有外壳、盖帽、密封圈等，这些需要根据电池的外形变化而有所改变，还要考虑安全装置。

本节重点

(1) 指出锂离子电池用的四大关键材料。
(2) 说明这四大关键材料的作用。

锂离子电池组成

名称	常用物质
集流体	$Al(+)$，$Cu(-)$
黏结剂	PVDF，PTFE，SBR
锂盐	$LiPF_6$，LiBOB，LiC_2O_4
溶剂	EC，PC，DMC，DEC
负极	碳类负极，钛基负极，硅／锡负极，金属氧化物
正极	$LiFePO_4$，$LiCoO_2$，$LiMn_2O_4$，$LiNi_xCo_yMn_zO_2$

锂离子电池的主要组成

(1) 电极片　目前正极片使用较多的是 $LiCoO_2$ 与黏结剂 (PTFE) 混合，然后碾压在正极集流体上制成正极片；商业化生产的负极材料是碳材料，因为它结构稳定、电化学性能优良、价格低廉、安全性高。

(2) 集流体　其作用是将电池活性物质产生的电流汇集起来对外输出，主要材料是铜箔 (负极)、铝箔 (正极) 等金属箔。集流体应与活性物质充分接触，并且内阻应尽可能小。

(3) 电解液　电解液主要由溶剂、锂盐和添加剂组成。

(4) 隔膜纸　使用较多的有干法聚丙烯材料、湿法聚丙烯材料、聚乙烯复合材料、陶瓷复合材料、采用微孔聚丙烯薄膜或特殊处理的低密度聚乙烯膜等。

(5) 安全阀和 PTC (positive temperature coefficient) 元件　保护电池在非正常状态及输出短路时不受损坏。

(6) 外壳、密封圈及盖板　需根据电池的外形变化而有所改变，还需要考虑安全装置。

3.2 锂离子电池的正极材料
3.2.1 正极材料的选取原则

　　正极材料按材料种类可分为无机材料、复合材料和聚合物材料三大类型。从使用现状看，无机材料占据主流位置。按材料的结构，无机材料又可分为无机复合氧化物、多阴离子材料等。复合氧化物中，有层状、尖晶石型、反尖晶石型等；多阴离子材料中，结构涉及多种离子导体，如 NASICON 结构和橄榄石型化合物。其中 NASICON 的化学式为 $Na_3Zr_2Si_2PO_{12}$，是 $NaZr_2P_3O_{12} \sim Na_4Zr_2Si_3O_{12}$ 系统中的一个中间化合物，NASICON 的骨架是由 Zr_6O_6 八面体和 PO_4 四面体构成的。

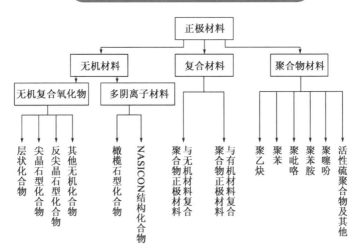

正极材料按无机材料、复合材料和聚合物材料的分类

(1) 锂离子电池用正极材料按材料种类可分为哪几大类型？
(2) 无机复合氧化物正极材料包括哪些种类？
(3) 试针对可能用于正极材料的两种离子导体加以介绍。

锂离子电池用各种正极活性物质的特性

	Co系	Mn系	Ni系		Fe系	三元系
缩　写	LCO	LMO	LNO	NCA	LFPO	NMC
组　成	$LiCoO_2$	$LiMn_2O_4$	$LiNiO_2$	$LiNi_{1-x-y}Co_xAl_yO_2$	$LiFePO_4$	$LiNi_{1/3}Mn_{1/3}Co_{1/3}O_2$
平均电压 /V	3.8	3.9	3.7	3.7	3.4	3.8
理论容量密度 /(mA·h/g)	278	148	278	278	169	185
实用容量密度 /(mA·h/g)	150 ○	130 △	220 ◎	190 ◎	160 ○	160 ○
寿　命	◎	△	△	◎	○	◎
热稳定性	○	◎	△	○	◎	◎
原料资源	△	◎	○	○	◎	○
原料价格	△	◎	○	○	◎	○
制造成本	○	○	○	○	△	○

注：◎,优；○,普通；△,存在需要解决的问题。

常见正极材料电压 - 比容量曲线

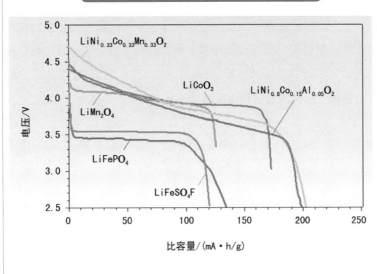

3.2.2 锂离子电池各种正极材料的比较

正极材料是锂离子的储存库。锂离子电池能否继续向大容量、长寿命、高功率和低成本发展，关键取决于锂离子电池正极材料。而且，正极材料也是决定电池安全性能的重要因素。目前已经商业化的正极材料主要有 $LiCoO_2$、$LiNiO_2$、$LiMn_2O_4$ 及 $LiFePO_4$。上图表示各种正极活性物质特性的比较。

$LiCoO_2$ 是目前锂离子电池最常用的正极材料，理论比容量为 $274mA \cdot h/g$，但实际应用中，当充电电压超过 4.2V 时会出现结构坍塌，所以容量往往只发挥到 50% 左右（120 ~ 150 $mA \cdot h/g$），目前主要应用在消费电子产品中。它主要有层状结构和尖晶石结构两种，然而尖晶石结构不稳定，研究较多的是层状结构。在理想层状 $LiCoO_2$ 结构中，Li^+ 和 Co^{3+} 各自位于六方紧密堆积氧层中交替的八面体位置，c/a 为 4.899，但是实际上由于 Li^+ 和 Co^{3+} 与氧原子层的作用力不一样，氧原子的分布并不是理想的密堆结构，而是发生偏离，呈现三方（trigonal）对称性（空间群为 R3m）。在从充电到放电过程中，锂离子可以从所在的平面发生可逆脱嵌、嵌入反应。由于锂离子在键合强的 CoO_2 层间进行二维运动，锂离子电导率高，扩散系数为 10^{-9} ~ $10^{-7}cm^2/s$。另外，共棱的 CoO_6 的八面体分布使 Co 与 Co 之间以 Co—O—Co 形式发生相互作用，电子电导率也比较高。$LiCoO_2$ 生产工艺相对简单，成本不是很高，输出电压高且较稳定是该材料的优点。但是钴资源短缺，而且对环境污染比较严重，为此人们正在寻找加强循环性能、减小污染的途径。目前对 $LiCoO_2$ 的研究方向主要是引入 Ni 等元素或别的非晶物来改变其结构，或包覆其他物质来提高容量。

本节重点
（1）正极材料对于锂离子电池的性能有哪些关键作用？
（2）结合上图说明锂离子电池的能量密度由哪两个因素决定。
（3）结合下图说明锂离子电池的容量密度随正极活性物质的进展。

各种正极材料的能量密度的比较

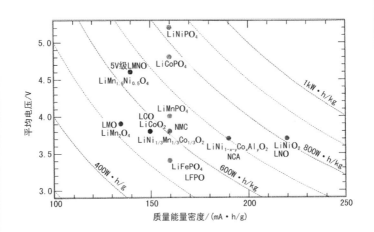

各种正极活性物质的质量能量密度和体积能量密度

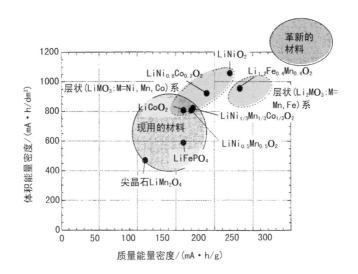

3.2.3 层状结构氧化物正极材料

(1) **层状镍酸锂（LiNiO$_2$）** 镍酸锂和钴酸锂一样，为层状结构，而且成本比 LiCoO$_2$ 低，毒性小，此外其工作电压为 2.5～4.1V，不存在过充电和过放电限制。整体优势很大，因此 Ohzuku 认为它是锂离子电池中最有前途的正极材料之一。但是在一般情况下，镍较难氧化为 +4 价，易生成缺锂的氧化镍锂；另外热处理温度不能过高，否则生成的氧化镍锂会发生分解，因此实际上很难批量制备理想的 LiNiO$_2$ 层状结构。并且在充放电过程中，该材料的结构和热力学性质不稳定，容量衰减较快，目前主要是进行掺杂或包覆，以提高其性能。

(2) **三元正极材料（NCM）** 为了改善 LiNiO$_2$ 的电化学性能，常在 LiCoO$_2$ 中掺入锰和镍构成三元材料，简称 NCM，如 LiNi$_{1/3}$Co$_{1/3}$Mn$_{1/3}$O$_2$、LiNi$_{0.5-x}$Mn$_{0.5-x}$Co$_{2x}$O$_2$、LiCo$_y$Mn$_x$Ni$_{1-x-y}$O$_2$ 等。在 NCM 中，Co、Mn 部分替代 Ni 形成过渡金属层，过渡金属层和锂层交替排列保持 LiNiO$_2$ 的层状结构。Co 与 Ni 有相似的电子构型，相似的化学性质，两者可以形成无限固溶体；Co 能维持结构的稳定，增加电导率，在三元材料中 Co 的用量少，能有效降低成本；Mn 在三元材料中没有电化学活性，在充放电过程中化学键不变，能有效提高材料的结构稳定性和热稳定性。NCM 材料综合了 LiCoO$_2$、LiNiO$_2$、LiMnO$_2$ 的优势，具有比容量高、循环性能好、成本低、原材料丰富等优点，在动力电池和分布式能源方面有巨大的应用潜力和市场。

本节重点
(1) 画出 LiCoO$_2$ 层状结构氧化物正极材料的晶体结构。
(2) LiCoO$_2$、LiNiO$_2$ 正极材料有哪些优缺点？

LiCoO$_2$ 的晶体结构

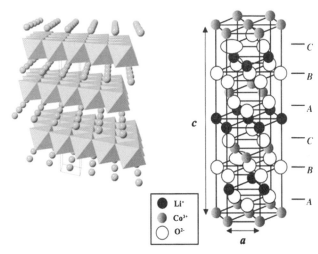

（a）层状结构（八面体代表 CoO$_6$，圆球代表 Li$^+$）　　　　（b）晶体结构

三元材料 Li（Mn$_x$Co$_y$Ni$_{1-x-y}$） O$_2$ 结构

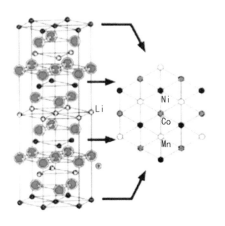

3.2.4 尖晶石结构正极材料

尖晶石型锰酸锂（LiMn$_2$O$_4$）具有四方（tetragonal）对称性，晶体结构见上图。由于尖晶石型 LiMn$_2$O$_4$ 可以发生锂脱嵌，也可以发生锂嵌入，导致正极容量增加；同时，可以掺杂阴离子、阳离子及改变掺杂离子的种类和数量而改变电压、容量和循环性能。Li—Mn—O 尖晶石结构的氧化电位高，且锰比较便宜。在尖晶石（Mn$_2$O$_4$ 框架中立方密堆氧平面间的交替层）中，Mn^{3+} 阳离子层与不含 Mn^{3+} 阳离子层的分布比例为 3：1，因此，每一层中均有足够的 Mn^{3+} 阳离子，锂发生脱嵌时，可稳定立方密堆氧分布。当锂嵌入到 LiMn$_2$O$_4$ 时，产生协同位移，锂离子从四面体位置（8a）移到临近的八面体位置（16c），得到岩盐组合物 LiMn$_2$O$_4$，至于锂离子在 LiMn$_2$O$_4$ 中的位置，应该说不只是在 16c 位置，8a 位置也应该有。

LiMn$_2$O$_4$ 具有三维锂离子扩散通道。LiMn$_2$O$_4$ 的脱嵌锂电位高，可获得较高的能量密度。锰元素资源丰富，价格低廉，对环境无污染。但 LiMn$_2$O$_4$ 比容量低，理论比容量只有 148mA·h/g，实际可达到 130～140mA·h/g；同时，锰离子易溶于电解液，材料结构欠稳定，循环性能较差；高温下，LiMn$_2$O$_4$ 对电解液有一定的催化作用，容量衰减快。因此，未改性的 LiMn$_2$O$_4$ 难以实际应用。

下图表示各种正极材料的质量能量密度和放电电压。

本节重点
（1）画出尖晶石结构正极材料的晶体结构。
（2）为什么锂离子可在 LiMn$_2$O$_4$ 中发生可逆脱嵌、嵌入反应？
（3）LiMn$_2$O$_4$ 正极材料有哪些优缺点？

尖晶石型 LiMn₂O₄ 的晶体结构

(a) 尖晶石结构(八面体代表MnO₆, 圆球代表Li⁺)

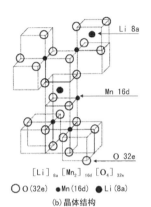

Li 8a

Mn 16d

O 32e

$[Li]_{8a}[Mn_2]_{16d}[O_4]_{32e}$

○ O (32e)　● Mn (16d)　● Li (8a)

(b) 晶体结构

正极材料的质量能量密度和放电电压

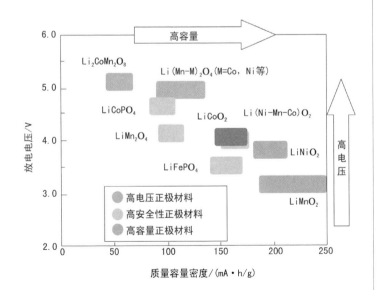

3.2.5 橄榄石结构正极材料

正交橄榄石结构的 $LiFePO_4$ 正极材料（晶体结构见图）正成为国内外的研发热点。该正极材料集中了 $LiCoO_2$、$LiNiO_2$、$LiMn_2O_4$ 及其衍生物正极材料各自的优点：不含贵重元素，原料廉价，资源极为丰富；工作电压适中（3.4V）；平台特性好，电压极平稳（可与稳压电源媲美）；理论容量较大（170mA·h/g）；结构稳定，安全性能极佳（O 与 P 以强共价键牢固结合，致使材料很难析氧分解）；高温性能和热稳定性明显优于已知的其他正极材料；循环性能好；充电时体积缩小，与碳负极材料配合时的体积效应好；与大多数电解液系统兼容性好，储存性能好；无毒，为真正的绿色材料。

此外，通过添加导电物质制成的改性 $LiFePO_4$，不仅具有以上优异的性能，还具有优良的大电流放电性能。纳米 $LiFePO_4$ 颗粒可以扩大非计量化学反应的范围，从而可大大提高其电化学性能。

但是，受 $LiFePO_4$ 理论容量的限制，目前看来其不大可能用于高容量的锂离子电池中。

本节重点

(1) 结合橄榄石型 $LiFePO_4$ 的晶体结构，说明锂脱嵌的过程。
(2) $LiFePO_4$ 正极材料有哪些优缺点？
(3) 限制 $LiFePO_4$ 用于高容量锂离子电池中的主要因素是什么？

橄榄石型 LiFePO$_4$ 的晶体结构

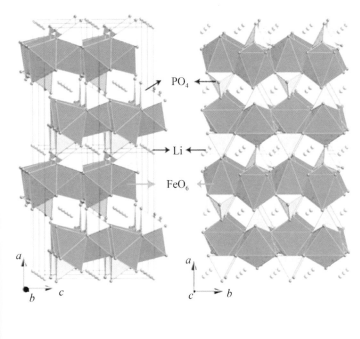

PO$_4$

Li

FeO$_6$

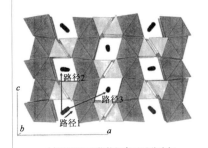

路径2

路径3

路径1

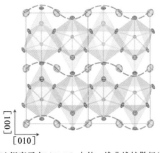

[001]

[010]

(a) LiMPO$_4$ 可能的锂离子迁移路径

(b) 锂离子在 Li$_x$FePO$_4$ 中的一维曲线扩散行为

3.3 锂离子电池的负极材料
3.3.1 负极材料储锂机理及负极材料的分类

从锂离子电池的发展历史看，负极材料的进展是锂离子电池得以商业化应用的关键。上图表示常用锂离子负极材料的三种储锂机制以及负极材料的分类。

(1) **嵌入机制**　以碳材料为代表，锂的嵌入／脱嵌过程所发生的反应如下：

$$xLi^+ + 6C + xe \Longleftrightarrow Li_xC_6 \qquad (3-1)$$

这是目前最常采用的方式，但由于比容量偏低及与有机溶剂相容性较差等缺点，制约了石墨类碳负极材料的进一步发展。

(2) **合金化机制**　目前，新型高比容量硅基和锡基负极材料的开发成为研究潮流。Si 和 Sn 都是通过合金化机制来储锂的，它们能在较低的电位与 Li 发生电化学反应形成合金：

$$M + xLi^+ + xe \Longleftrightarrow Li_xM \quad (M=Si, Sn) \qquad (3-2)$$

Si 在地壳中储量丰富，与 Li 发生合金化反应后的最终产物是合金 $Li_{4.4}Si$，理论比容量高达 $4200mA \cdot h/g$。

(3) **转化机制**　2000 年，P. Poizot 等提出单元过渡金属氧化物 M_xO_y (M=Mn, Fe, Co, Ni 和 Cu) 应用于负极材料，这类材料有较高的能量密度（$>600mA \cdot h/g$）和良好的安全性能，其储锂机制既非嵌入又非合金化，而是基于如下反应：

$$M_xO_y + 2yLi^+ + 2ye \Longleftrightarrow xM + yLi_2O \qquad (3-3)$$

转化机制的理论比容量为 $600 \sim 1000mA \cdot h/g$，是目前商业化石墨负极材料的 2 ~ 3 倍。

本节重点
(1) 举例说明负极材料的嵌入储锂机制，写出相应的储锂反应式。
(2) 举例说明负极材料的合金化储锂机制，写出相应的储锂反应式。
(3) 举例说明负极材料的转化储锂机制，写出相应的储锂反应式。

锂离子电池负极材料储锂机理示意

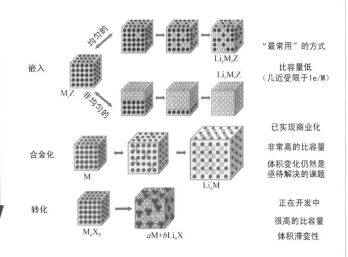

结构的变化

嵌入

均匀的

非均匀的

M_xZ

Li_yM_xZ

Li_yM_xZ

"最常用"的方式

比容量低
（几近受限于1e/M）

合金化

M

Li_nM

已实现商业化

非常高的比容量

体积变化仍然是
亟待解决的课题

转化

M_aX_b

$aM+bLi_nX$

正在开发中

很高的比容量

体积滞变性

负极材料的分类

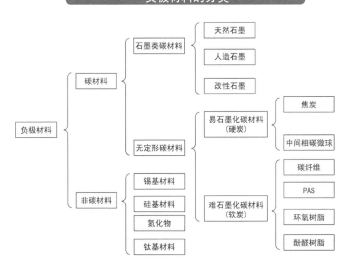

3.3.2 负极材料的进展

如果仅在锂离子电池的体积能量密度和质量能量密度坐标系中看，负极材料性能先后出现从高到低，再从低到高的下述世代进展：

(1) **第一代负极材料** 第一代负极材料是金属锂，但由于在使用过程中容易产生枝蔓晶，使正负极之间发生短路，引起安全问题，所以暂时被搁置。

(2) **第二代负极材料** 第二代锂吸收金属负极材料目前只是应用于纽扣电池中，受寿命短所限，应用极为有限。

(3) **第三代负极材料** 第三代碳系负极材料目前应用最为广泛。碳材料的导电性好，且其结构易于使锂离子插入和脱出，且具有良好的结构稳定性，可以经受多次充放电。

(4) 开发中的**第四代负极材料** 第四代锂吸收合金负极材料不仅使电池具有较高的能量密度，也可以大大提高电池的寿命。目前正在开发的是固体聚合物电池，它可以具有比锂金属负极更高的能量密度，且在安全性方面有更好的表现。

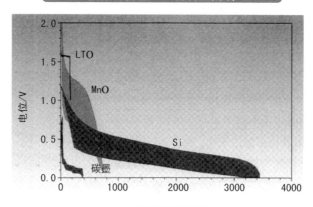

负极材料电压－比容量曲线

本节重点
(1) 指出目前广泛应用的碳系负极材料的种类。
(2) 介绍锂电池负极材料的发展动向。

锂离子电池用几代负极材料的开发

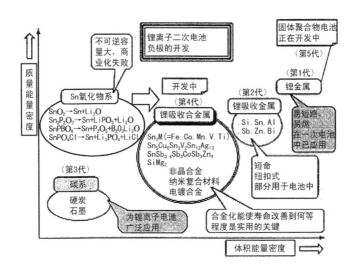

不可逆容量大，商业化失败

锂离子二次电池负极的开发

固体聚合物电池正在开发中

〈第5代〉

〈第1代〉

锂金属

质量能量密度

开发中

〈第4代〉

锂吸收合金属

Sn氧化物系

$SnO_2 \rightarrow Sn+Li_2O$
$Sn_2P_2O_7 \rightarrow Sn+LiPO_3+Li_2O$
$SnPBO_6 \rightarrow Sn+P_2O_5+B_2O_3Li_2O$
$SnPO_4Cl \rightarrow Sn+Li_3PO_4+LiCl$

〈第2代〉

锂吸收金属

. Si. Sn. Al
. Sb. Zn. Bi

易短路，易燃在一次电池中已应用

$Sn_2M (=Fe. Co. Mn. V. Ti)$
$Sn_5Cu_6Sn_3V_2Sn_{12}Ag_{13}$
$SnSb_{0.4}Sb_3CoSb_3Zn_4$
$SiMg_2$

非晶合金
纳米复合材料
电镀合金

短命纽扣式部分用于电池中

〈第3代〉

碳系

硬炭
石墨

为锂离子电池广泛应用

合金化能使寿命改善到何等程度是实用的关键

体积能量密度

石墨材料、软炭材料和硬炭材料的结构差异

硬炭材料中插入锂离子

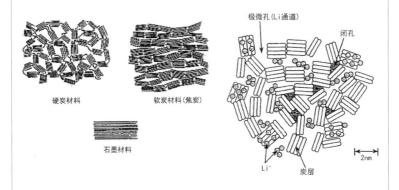

硬炭材料

软炭材料(焦炭)

石墨材料

极微孔(Li通道)

闭孔

Li^+

炭层

2nm

3.3.3 碳负极材料

碳材料作为锂离子电池负极材料，具有比容量高（250 ～ 800mA·h/g）、电极电位低、库仑效率高、循环寿命长等优点，因此得到广泛应用。常用的碳材料主要包括石墨类和无定形碳两大类，其中石墨类材料包括石墨和中间相碳微球等。而无定形碳尽管也由石墨微晶构成，但其结晶度较低，可根据是否易于石墨化将其分为硬炭（难石墨化碳）和软炭（易石墨化碳）两类。常用作锂离子电池负极材料的无定形碳主要有石油焦、碳纤维和裂解碳等。除上述两种传统碳材料外，近年来碳纳米管、石墨烯等纳米碳材料也开始被研究作为锂离子电池负极材料。

碳材料因其种类和微观结构的多样性而具有上图所示的多种储锂机理。对于具有层状结构的石墨类材料，由于层间距较大（d_{002}=0.335nm），因此锂离子可嵌入到石墨的片层间，形成石墨插层化合物（Li_xC_6）。由于锂离子间存在排斥力，因此嵌入的锂离子只能排布在相间的位置上[上图(a)]。当嵌锂量达到饱和时，形成LiC_6一阶插层化合物，此时石墨达到其理论比容量（372mA·h/g）。

为了解释无定形碳、纳米碳材料等的储锂行为，人们相继提出各种储锂机理，包括锂分子Li_2机理[上图(b)]、微孔储锂机理[上图(c)]、单层石墨片分子机理[上图(d)]等。按照这些机理所计算的碳材料的理论比容量，均显著高于石墨类材料形成石墨插层化合物时的比容量。

本节重点
（1）碳材料具有哪些储能机理？
（2）碳材料作为锂离子电池负极材料具有哪些优缺点？
（3）石墨的理论比容量为 372mA·h/g。

碳材料储锂机理

(a)石墨插层化合物机理

(b)Li₂分子机理

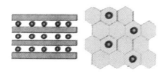

● 插入的Li
●━● Li₂共价键分子

(c)微孔储锂机理

(d)单层石墨片分子机理

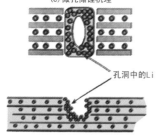

孔洞中的Li

各种负极活性物质的质量容量密度和体积容量密度

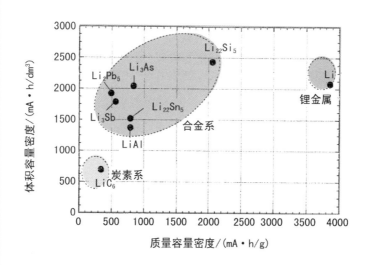

3.3.4 合金化负极材料

锂与硅、锡、铝、镁、锑等金属或类金属可反应形成锂合金，并获得较之石墨更高的理论比容量。例如，当硅嵌锂形成 $Li_{4.4}Si$ 时，其理论比容量高达 $4200mA \cdot h/g$；当锡嵌锂形成 $Li_{4.4}Sn$ 时，其理论比容量也可达 $992mA \cdot h/g$。但是硅、锡等金属在嵌锂形成合金时会发生极大的体积变化，例如硅形成 $Li_{4.4}Si$ 时体积膨胀达 420%（上图），从而造成材料粉化、电极结构破裂等问题，使得循环性能较差。

(1) **材料粉化**［下图（a）］ 硅在嵌／脱锂过程中巨大的体积膨胀／收缩会产生极大的应力，造成硅的破裂和粉化，导致活性物质脱离电接触并引起容量的大幅衰减。

(2) **硅电极整体形貌和体积变化**［下图（b）］ 硅在脱锂时的体积收缩导致其与周围材料脱离电接触，造成容量衰减。而在嵌／脱锂过程中电极的整体体积亦会随硅的体积变化发生膨胀／收缩，从而导致活性物质从集流体上脱离，并且这种体积变化也给硅负极材料在商用电池中的实际应用带来困难。

(3) **固体电解质界面膜反复形成**［下图（c）］ 当负极电位低于 1V 时，电解液会在电极材料表面分解，产生一层离子导通而电子绝缘的固体电解质界面（solid-electrolyte interphase，SEI）膜。按一般情况，电极表面生成致密、稳定的 SEI 膜可有效阻止副反应的进一步进行。然而，硅在嵌／脱锂过程中的体积变化使得其表面的 SEI 膜容易破裂，从而使得硅表面不断暴露在电解液中，导致 SEI 膜在充放电过程中反复形成，造成容量的不可逆损失。

因此，若要实现硅基负极材料的商品化应用，首先需要解决其嵌锂过程中巨大的体积变化给电极结构和电化学性能所带来的不利影响。目前，常通过制备纳米级材料或与碳材料进行复合等方法对上述合金材料进行改性，以缓解其体积膨胀产生的应力，提高循环稳定性。

本节重点
(1) 合金化负极材料具有哪些优缺点？
(2) 合金化负极材料存在哪些问题？
(3) 指出硅负极的失效机理。

硅负极随充放电的体积膨胀收缩

充电前

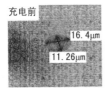

16.4μm

11.26μm

充电后

26.86μm

27.28μm

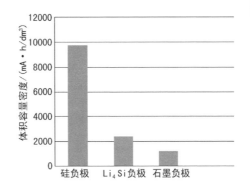

(a) 伴随充放电的体积膨胀收缩

(b) Si 负极和石墨负极的体积容量密度

硅负极失效机理

(a) 材料粉化   锂化

多次循环

(b) 电极整体形貌和体积的变化

(c) SEI 膜反复形成

● 硅粒子   ■ 锂化的硅   □ SEI   ▨ 集流体

3.4 导电添加剂和石墨烯
3.4.1 导电添加剂在锂离子电池中的作用

  锂离子电池正极活性物质多为复合氧化物或盐类，从结构上讲属于陶瓷类，因此其电子导电性普遍较差（钴酸锂的电导率只有 $10^{-3}S/cm$，而磷酸铁锂的更小，只有 $10^{-9}S/cm$），如果不使用导电添加剂，则在电池充放电过程中，会在电池内部形成非常大的极化，导致活性物质容量无法完全发挥出来，电池能量密度和功率密度大大降低。导电添加剂是电子导电性很高的材料，其主要作用是在正极体系中提供电子传输的导电网络。开发新型导电添加剂，是从材料角度提高锂离子电池能量密度和功率密度的方法。

  但是导电添加剂本身并非活性物质，它在充放电过程中并不贡献容量，所以使用过量导电添加剂反而会造成电池能量密度的降低。

  导电添加剂在正极中均匀分布，连接集流体和活性物质，在活性物质颗粒之间构成导电网络，使得正极体系的电子导电率接近导电添加剂的电子导电率。如上图所示，通过导电添加剂构建的导电网络，在锂离子电池**放电**过程中，电子可以很迅速地从集流体传输到活性物质表面，并与通过电解液传输过来的锂离子发生电化学反应。在**充电**过程中，通过导电网络，电子则可以很迅速地从活性物质表面传输到集流体。使用导电添加剂可以降低电极的内阻，减少电极内部的电荷堆积，有效提高活性物质在充放电过程中的利用率。特别是锂离子电池进行大电流充放电的时候，电池内部需要快速的电子和锂离子传输，此时导电添加剂对电池内部电子传输的提升作用尤为突出，显著影响电池的各项电化学性能。因此使用导电添加剂能够显著提升电池的能量密度和功率密度。

本节重点

（1）锂离子电池中为什么要使用导电添加剂？
（2）导电添加剂在充放电过程中对容量有无贡献？
（3）说明导电添加剂在充放电过程中所起的作用。

导电添加剂的作用原理

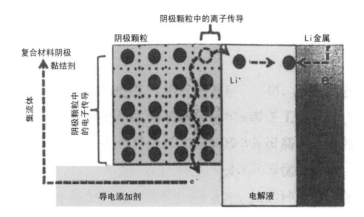

导电添加剂在锂离子电池中的作用

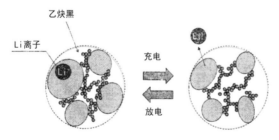

Li离子二次电池正极充放电时导电添加剂的作用
（乙炔黑的情况）

3.4.2 炭黑和碳纳米管导电添加剂

炭黑是由小颗粒碳和烃在气相状态下热分解得到的产物,是由直径为几十纳米左右的一次碳颗粒团聚而成的长链结构碳材料。

上图表示炭黑的三大特征。炭黑在工业制造上有很多种用途,其中用作锂离子电池导电添加剂的炭黑,要求具备很高的导电性和很强的电化学惰性。炭黑由于其结构稳定、价格便宜、分散性好等优良特点,被广泛应用于锂离子电池行业,是目前最常用的导电添加剂。

炭黑的种类有很多,其尺寸与结构对其分散和导电性的影响如下图所示,炭黑颗粒越小,二次凝集的结构越高级,则其导电性越好,但是在制备电极浆料的过程中也会带来难以均匀分散的问题,在使用过程中可能会需要额外添加分散助剂。

碳纳米管由于其具有本征电导率很高(在 300K 温度下,单壁碳纳米管电导率为 $10^4 S/cm$,多壁碳纳米管电导率大于 $10^3 S/cm$)、尺寸小、长径比大等优良特点,非常适合用作锂离子电池的导电添加剂。通过比较碳纳米管、碳纤维、炭黑三种碳材料导电添加剂在锂离子电池中的使用性能发现,在添加相同量(3%,质量分数)的导电添加剂的条件下,使用碳纳米管导电添加剂的锂离子电池循环性能最好,其次是碳纤维,最次是炭黑。这可能是由于前两者都具有较大的长径比,适合构建长程的导电网络所致。其中,碳纳米管的结晶度更好、导电性更好、尺寸更小,使用效果更佳。

本节重点

(1) 炭黑通常是如何得到的?它有哪些特征?
(2) 炭黑作为锂离子电池的导电添加剂有哪些优缺点?
(3) 碳纳米管作为锂离子电池的导电添加剂有哪些优缺点?

炭黑的三大特征

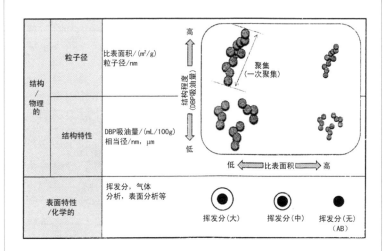

炭黑的颗粒尺寸和结构对其分散性和导电性的影响

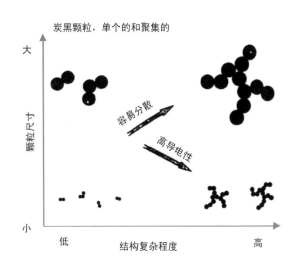

3.4.3　石墨烯简介

2004 年,英国曼彻斯特大学物理学家安德烈·盖姆(Andre Geim)和康斯坦丁·诺沃肖洛夫(Konstantin Novoselov),成功从石墨中分离出石墨烯,证实它可以单独存在,两人也因此共同获得 2010 年诺贝尔物理学奖。

石墨烯是由碳原子紧密堆积而成的只有一层原子厚度的二维蜂窝状材料,是富勒烯、CNT、石墨的基本结构单元。石墨烯具有完美的二维晶体结构,晶格是由六个碳原子围成的六边形,厚度为一个原子层。碳原子之间由 σ 键连接,sp^2 杂化,赋予了石墨烯极其优异的力学性质和结构刚性。

(1) 石墨烯是目前自然界最薄、强度最高、导电导热性最强、兼具优异光学性质的材料,抗拉强度可达 125GPa,比弹簧钢高 200 倍。同时又有很好的弹性,拉伸幅度能达到自身尺寸的 20%。面密度仅有 $0.77mg/m^2$,理论比表面积 $2630m^2/g$,单层透光率 97.7%。

(2) 在石墨烯中,每个碳原子都有一个未成键的 p 电子,这些 p 电子可以在晶体中自由移动,运动速度高达光速的 1/300。理论电子迁移率可达 $2 \times 10^5 cm^2/(V \cdot s)$,赋予了石墨烯良好的导电性,电阻率只有 $10^{-6}\Omega \cdot cm$,比铜或银低,为电阻率最小的材料。

(3) 石墨烯热导率高达 5300W/(m·K),高于碳纳米管和金刚石,常温下其电子迁移率超过 $15000cm^2/(V \cdot s)$,又比碳纳米管或单晶硅高。

(4) 石墨烯是新一代的透明导电材料,只吸收 2.3% 的光;在可见光区,四层石墨烯的透过率与传统的 ITO 薄膜相当,在其他波段,四层石墨烯的透过率远远高于 ITO 薄膜。

石墨烯被称为"黑金",是"新材料之王",在移动设备、航空航天、新能源电池等领域有广泛的应用前景。它的出现有望在现代电子科技领域引发一轮革命。

本节重点
(1) 何谓石墨烯?它是如何发明的?它有哪些特征?
(2) 举例说明制备石墨烯的"自上而下"(Top-Down)工艺。
(3) 举例说明制备石墨烯的"自下而上"(Bottom-Up)工艺。

石墨烯的两种生长方式: "自上而下"（右）和"自下而上"（左）

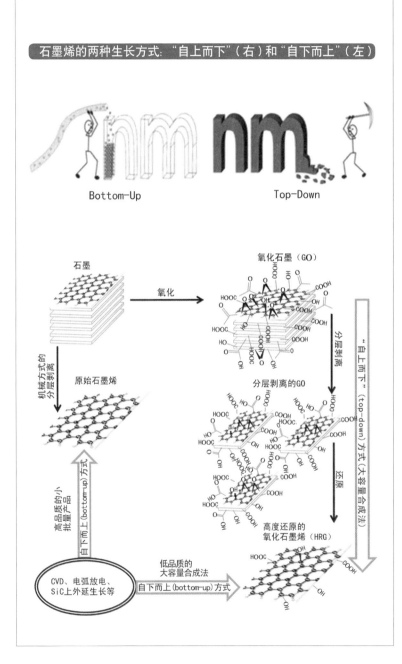

Bottom-Up   Top-Down

3.4.4 石墨烯"自上而下"和 "自下而上"的生长方式

常用石墨烯制备方式有"自上而下"（top-down）和"自下而上"（bottom-up）两种类型（上节图示）。前者指由天然石墨为原料，通过化学或物理剥离得到石墨烯，例如机械剥离法和化学氧化还原法；后者指由含碳化合物为碳源反应合成石墨烯，例如化学气相沉积法和碳化硅外延生长法。

石墨烯"自上而下"的制备方式有：

（1）**机械剥离法** 2004 年 Geim 和 Novoselov 首次采用机械剥离法成功制备石墨烯而获得诺贝尔 2010 年物理学奖。他们通过胶带从高定向热解石墨上粘下石墨片层，再通过胶带之间的反复粘贴，逐渐分离石墨片层而得到薄层石墨烯。该方法制备的石墨烯质量最优，但对工艺要求较高，效率低，难以实现规模化生产。

（2）**化学氧化还原法** 化学氧化还原法是目前批量制备石墨烯最广泛采用的方法之一（上图）。以石墨为原料，采用强氧化剂对石墨层片进行含氧官能团修饰，以降低石墨层片间的范德华力，形成的氧化石墨亲水性强，可以很好地分散在多种溶液中。通过超声等方法，将氧化石墨剥离为氧化石墨烯，最后通过合适的还原法，制备出不同尺寸、不同层数的还原氧化石墨烯。

石墨烯"自下而上"的制备方式有：

（1）**化学气相沉积法** 高温使碳的前驱体（如甲烷、乙烯、乙醇等）裂解，使碳原子沉积在金属基底形成石墨烯。常用的金属基底为铜和镍，高温下分别发生催化沉积和渗碳析出的过程（下图）。CVD 法可以大面积连续制备石墨烯，且层数可调，质量可控，对石墨烯在微电子、光电及存储等领域的应用具有重要意义。

（2）**碳化硅基片上外延生长法** 在超高真空环境（$<1.33\times10^{-8}$Pa）下，高温（$>1000℃$）加热单晶碳化硅基片，分解去除硅原子，使留下的碳原子通过晶格匹配生长出石墨烯。该方法制备的石墨烯质量高，且制备工艺与硅半导体工艺兼容，对石墨烯微电子器件及集成电路的发展起到巨大的推动作用。然而，该方法对制备条件要求苛刻，加工成本相对较高。

本节重点
(1) 制备石墨烯的机械剥离法。
(2) 制备石墨烯的化学氧化还原法和化学气相沉积法。
(3) 制备石墨烯的碳化硅基片上外延生长法。

化学氧化还原法制备石墨烯

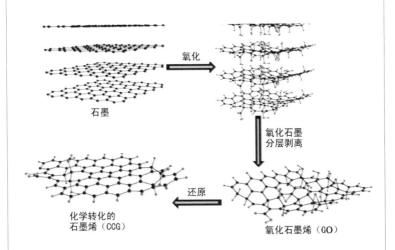

氧化

石墨

氧化石墨
分层剥离

还原

化学转化的
石墨烯（CCG）

氧化石墨烯（GO）

化学气相沉积法制备石墨烯

(a) 卷对卷(roll to roll)连续批量制备

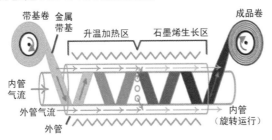

带基卷　金属
带基

升温加热区　石墨烯生长区

成品卷

内管
气流

外管气流

内管
（旋转运行）

外管

(b) 30in(1in=0.0254m)石墨烯

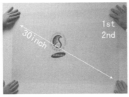

(c) 2.3mm石墨烯单晶SEM表征

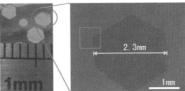

书角茶桌

二次电池缘何相中了锂离子?

一、天生丽质的"锂"

"锂"(lithium)的元素符号是 Li, 原子序数是 3, 在元素周期表中位于 I A 族、第二周期, 处于元素周期表的 s 区, 属于碱金属。作为第二周期第一个元素, 锂原子含有一个价电子(核外电子排布 $1s^22s^1$), 原子半径(经验值)为 145pm, 离子半径 68pm, 都相当小。锂的原子量仅为 6.941, 是周期表中第三轻的原子, 仅仅重于"氢"和"氦"。锂具有高电极电位和高电化学当量, 其电化学比能量密度也相当高。锂化合物, 如锂 -MnO_2、锂 -Mn_2O_4 和锂 -CoO_2, 用作高能电池的正极材料性能显著。由上述原因造就了金属锂的以下两个特点:

(1) 金属锂是最轻的金属单质, 密度仅有 0.534 g/cm^3, 约为水的一半。

(2) 锂具有极强的还原性, 电负性为 0.98, 标准电极电位为极低的 -3.04 V。

锂这些独特的物理化学性质, 决定了其在二次电池中不可替代的地位。特别是, 离子半径很小的锂离子在电池充放电中的穿梭运动, 既构成了电池放电时的闭合电路, 又在充电时赋予电子足够高的能量。强的还原性使得锂可以成为氧化还原反应中合格的还原剂, 作为负极, 与氧化性正极组成电池体系。在放电过程中, 通过氧化还原反应将化学能转化为电能, 实现电能的输出。

金属锂负极, 作为密度最低的金属, 相较于其他金属负极电池体系具有更高的理论能量密度。这使得金属锂电池有望成为高能、高效的能量存储转换体系。

二、锂离子电池的优势

以锂离子作为充放电中电荷载体的锂离子电池具有下述优势:

(1) 比能量高 锂离子电池的质量比能量是镍 - 镉电池的 2 倍以上, 是铅 - 酸电池的 4 倍, 即同样储能条件下体积仅是镍 - 镉电池的一半。因此, 便携式电子设备使用锂离子电池可以使其小型轻量化。

(2) 工作电压高 一般单体锂离子电池的电压约为 3.6V, 有些甚至可达到 4V 以上, 是镍 - 镉电池和镍 - 氢电池的 3 倍, 铅 - 酸电池的 2 倍。

(3) 循环使用寿命长 80% DOD(放电深度) 充放电可达 1200 次以上, 远远高于其他电池, 具有长期使用的经济性。

(4) 自放电小 一般月均放电率 10% 以下, 不到镍 - 镉电池和镍 - 氢电池的一半。

(5) 电池中没有环境污染, 称为绿色电池。

(6) 较好的加工灵活性, 可制成各种形状的电池。

研发中的新型二次电池

书角茶桌
　　新材料延长锂金属电池寿命，
　　增加汽车机动性

4.1 从有机电解液到固体电解质
4.1.1 锂离子电池的安全隐患

  二次电池从首次发明到现在主要经历了铅－酸蓄电池、Ni-Cd电池、Ni-MH电池以及现在的锂离子电池等阶段。不同阶段的二次电池产品都有其自身的特点，上图比较了不同电池的比能量以及比功率。可以看到，不同类型的二次电池的特点不一样，因此其应用领域也各不相同。而相较于传统的电池，锂离子二次电池具有比能量大、比功率高、自放电小、无记忆效应、循环性好、可快速放电且效率高等优点，因此逐步进入了电动车、轨道交通、大规模储能和航天航空等领域。

  然而，目前广泛使用的锂离子电池均采用可燃性的液态有机电解液或者凝胶电解质,存在着易燃、内部短路等安全隐患(例如，波音787飞机电源着火、特斯拉电动车着火等安全事故)。

  锂电的安全性问题可以分为两类失效机制。一类是极端条件下热失控导致的失效问题。锂离子电池在正常充放电过程中会释放一定热量，若在极端条件和滥用条件下，则会出现产生的热量超过电池的散热能力，电池就会过热。随着温度的升高，电池内部会发生SEI膜分解、电极与电解液反应加剧、电解液分解、正负极分解、隔膜熔融等一系列破坏性副反应，产生大量气体，使得电池出现膨胀、起火甚至爆炸等严重的安全问题。

  另一类是在正常工作环境下，电池在循环过程中出现自引发的失效问题。这类失效问题具有不可预测性和突发性，属于电池结构设计自带的系统性安全风险。这类风险包括严重的锂枝晶生长导致隔膜被穿透、内部应力波动过大导致隔膜撕裂、所使用隔膜厚度过薄或力学性能差、易破裂等。电池内部的隔膜一旦失效，会造成电池正负极短路，进而引发电池起火，甚至爆炸等严重的安全问题（下图）。努力降低电池的系统性安全风险是科研工作者在开发下一代电池过程中必须要考虑的问题。

本节重点
(1) 是何原因造成锂离子电池的安全隐患？
(2) 分析由于液态有机电解质原因造成的安全隐患。
(3) 分析有机隔膜原因造成的安全隐患。

目前主要化学电池比能量和比功率对比

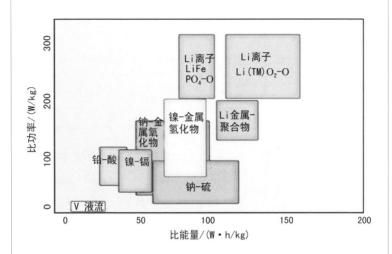

锂离子电池的典型热失控过程

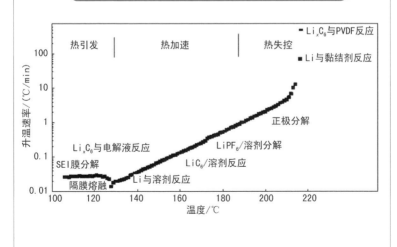

4.1.2 各种电解质的比较

锂用于锂离子电池的电解质应当满足以下基本要求：

①在较宽的温度范围内离子电导率高，锂离子迁移数大，以减少电池在充放电过程中的浓差极化；

②热稳定性好，以保证电池在合适的温度范围内操作；

③电化学窗口宽，最好有 0～5V 的电化学稳定窗口以保证电解质在两极不发生显著的副反应，满足在电化学过程中电极反应的单一性；

④价格低、安全性好、闪点高或不燃烧，并且无污染，不会造成环境污染。

对电解液的研发，常从溶质、溶剂和添加剂三个方面入手：

①溶质应用与研究较多的有 $LiPF_6$、$LiClO_4$、$LiAsF_6$、LiBOB、$LiBF_4$、LiODFB、LiTFSI 等；

②溶剂主要为环状碳酸酯（PC、EC）、碳酸酯（DEC、DMC、EMC）、酯类（MF、MA、EA、MA、MP）等；

③添加剂主要有成膜添加剂、过充电保护添加剂、受体添加剂、阻燃添加剂等。

目前商用最多的电解液体系是六氟磷酸锂（$LiPF_6$）的混合碳酸酯溶液。图（a）给出常用有机电解液的性能，作为比较，图（b）也给出固体电解质的物性。

用于锂离子电池的电解质应满足哪些基本要求？

各种电解质的优缺点

各种电解质的优缺点

（a）各种材料的离子传导率与温度的关系

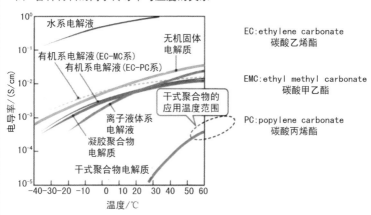

EC:ethylene carbonate
碳酸乙烯酯

EMC:ethyl methyl carbonate
碳酸甲乙酯

PC:popylene carbonate
碳酸丙烯酯

（b）各种材料的优势和需要开发的课题

无机固体电解质

硫化物系材料
- ○ 锂离子的电导率高（$10^{-3}\sim10^{-2}$S/cm）
- △ 一旦有水分便发生反应产生硫化氢（H_2S）气体
- △ 原料为粉体，成膜时需要加压力
- △ 与电极间的界面电阻较高

氧化物材料
- ○ 在空气中的稳定性高，具有不燃性
- ○ 锂离子的电导率高（$10^{-4}\sim10^{-3}$S/cm）
- △ 与电极间的界面电阻较高
- △ 成膜的烧结温度高，在1000℃上下
- △ 利用溅射成膜生产效率存在问题

有机固体电解质

干式聚合物
- ○ 与电极界面间的密着性好
- ○ 可以采用"卷对卷"方式，封装简单
- △ 锂离子的电导率较低，只能在较高的温度
  环境下使用

凝胶聚合物
- ○ 与电极界面间的密着性好
- ○ 锂离子的传导性较高
- △ 机械强度弱，存在因枝晶等发生短路的可能性

4.1.3 锂－聚合物二次电池

  锂－聚合物电解质二次电池的工作原理如上图所示，与前面所述锂离子二次电池所不同的，只是采用凝胶状的聚合物电解质代替液态电解质，而正、负极活性物质采用与原来相同材料的场合居多，电池的充放电反应也不变。根据聚合物使用的场所，可以将锂－聚合物二次电池分为锂－聚合物电解质二次电池和锂－聚合物正极二次电池（下图），前者是在电解质中使用聚合物，后者是在正极中使用聚合物。若电解质为聚合物，最大的优势就是提高了锂二次电池的安全性。

  自由基聚合物作为一种全新的锂二次电池正极材料，由于其在充放电过程中自由基聚合只是与电极之间发生电子转移而结构不发生变化，所以它的充放电速度特别快，结构比较稳定，循环寿命长，且与电解液相溶性好，具有生物降解性，而且容易通过变换其中有机基团的组成与结构，或者与几种预计结构特征的有机化合物共聚或共混来改善其物理与化学性能，将成为最有应用前景的一类新型储能材料。

  除了聚苯胺外，其他导电聚合物有聚乙炔、聚苯、聚吡咯和聚噻吩等也可作锂二次电池正极材料。采用聚吡咯等聚合物作为正极材料，必须使用较多的电解质溶液，才能获得足够的能量密度。另外，有机二硫化物作为正极材料，其理论能量密度高达 $1500 \sim 3500 W \cdot h/kg$，实际能量密度可达 $830 W \cdot h/kg$，而且还具有价廉低毒等特点。有机硫化物的比容量与锂金属氧化物相比有着绝对的优势，有望成为 21 世纪新一代高比能量锂二次电池的正极材料。

本节重点
(1) 何谓锂-聚合物电解质二次电池？与普通锂电对比有何特点。
(2) 何谓锂-聚合物二次电池？它包含哪几种类型？
(3) 锂-聚合物二次电池有何优缺点？

锂－聚合物电解质二次电池示意图

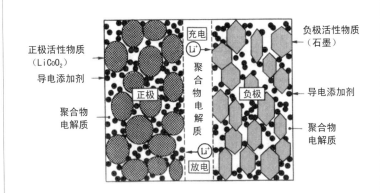

正极活性物质
（$LiCoO_2$）

导电添加剂

聚合物
电解质

负极活性物质
（石墨）

导电添加剂

聚合物
电解质

锂－聚合物二次电池分类

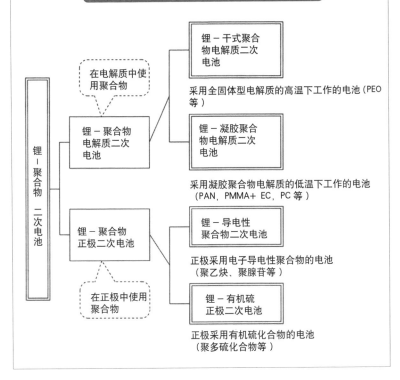

锂
－
聚
合
物
二
次
电
池

在电解质中使
用聚合物

锂－聚合物
电解质二次
电池

在正极中使用
聚合物

锂－聚合物
正极二次电池

锂－干式聚合
物电解质二次
电池

采用全固体型电解质的高温下工作的电池（PEO
等）

锂－凝胶聚合
物电解质二次
电池

采用凝胶聚合物电解质的低温下工作的电池
（PAN，PMMA+ EC，PC 等）

锂－导电性
聚合物二次电池

正极采用电子导电性聚合物的电池
（聚乙炔、聚腺苷等）

锂－有机硫
正极二次电池

正极采用有机硫化合物的电池
（聚多硫化合物等）

4.1.4　开发中的固体电解质

　　高分子聚合物电解质在保持固体状态传导锂离子的同时，良好的加工性使得其与电极材料的界面接触情况良好。聚合物全固态锂离子电池具有阻抗小、电池电化学性能优异等特点。另外其柔性的特征使得聚合物电解质可以应用于可穿戴设备的供能系统进而大大拓展了固态电池的使用范围。

　　聚合物电解质中被研究最多的是聚环氧乙烯 (PEO) 基固态电解质，其聚合物基体结构以及导锂机理已被广泛研究。图中展示了 PEO 基固态电解质中锂离子的传输机制：当 PEO 中加入锂盐后，Li^+ 会发生解离而与有机物基体链段上的醚氧原子发生络合，随着 PEO 中链段的运动，Li^+ 在链段上不同的活性位点间交替发生络合－解络合－络合的过程从而实现锂离子的迁移传输。因此聚合物电解质的电导率与聚合物链段的运动能力有直接关系，PEO 基体中加入各种锂盐后室温电导率一般在 $10^{-9} \sim 10^{-7}$ S/cm。

　　PEO 基聚合物电解质在较低的室温下的锂离子电导率严重限制了其在固态锂离子电池中的应用。PEO 在室温条件下会发生结晶化转变，结晶后分子中具有导锂活性的无定形链段的数量将大大减小，这导致整体聚合电解质的锂离子传输能力受阻，电解质的锂离子电导率因此降低。

本节重点

　　（1）聚合物电解质有哪些优势？
　　（2）说明聚环氧乙烯 (PEO) 基固态电解质的导锂机制。

有机电解液的性能

有机电解液的最大电导率（25℃）

溶 质	溶 剂	浓 度 /(mol/L)	比电导率 /(mS/cm)
LiBr	PC	0.6	4
$LiClO_4$	PC	0.662	5.42
$LiPF_6$	PC	0.857	5.41
KPF_6	PC	0.971	7.31
KSCN	PC	1.097	7.00
$LiClO_4$	DMSO	1.5	10
$LiClO_4$	BL	1.2	11
$LiClO_4$	DMF	1.16	22.2
KPF_6	DMF	1.22	25.2
$LiClO_4$	NMP	0.85	11.2
KPF_6	NMP	0.92	9.4
$LiCF_3SO_3$	DMSU	0.99	1.46
$LiClO_4$	MF	2.8	32
$LiAlSiO_4$	THF	1.6	17
$LiAsF_6$	THF	1.6	16
$LiAsF_6$	2—MeTHF	1.6	4

各种固体电解质的特性

电解质	电导率/(S/cm)
$Li_2S-P_2S_5$	2.1×10^{-3}（室温）
$70Li_2S \cdot 27P_2S_5 \cdot 3P_2O_5$	3.0×10^{-3}
Li_3N	6×10^{-3}
$Li_{4.3}Al_{0.3}Si_{0.7}O_4$	6.7×10^{-4}（100℃）
$Li_7La_3Zr_2O_{12}$(LLZ)	4.7×10^{-4}
$Li_{2.9}PO_{3.3}N_{0.46}$	2.3×10^{-6}（25℃）
Li_9SiAlO_8	2.3×10^{-7}（25℃）
$LiZr_2(PO_4)_3$	7×10^{-4}（300℃）
$Li_5La_3Ta_2O_{12}$、$Li_5La_3Nb_2O_{12}$	约10^{-6}（25℃）
$Li_6BaLa_2Ta_2O_{12}$	4×10^{-5}（22℃）

4.1.5 全固态二次电池的优势

在商用锂离子电池中，液态电解质作为供锂离子在正负极之间穿梭的媒介，难以避免挥发、泄漏、甚至引火爆炸等问题，使用不慎会带来非常严重的安全隐患，尤其是在飞机、电动汽车等锂离子电池大规模应用的场合。

将液态电解质替换为固体电解质，从而制备全固态电池是解决上述安全问题最有效途径之一。此外，全固态电池还具有不受液态电解质 $-20 \sim 60^{\circ}C$ 使用温度的限制，可以在高温或超低温的环境下服役；可以避免在电极材料与电解液界面处 SEI 膜生成对锂元素的消耗，从而有效降低不可逆容量的损失；固体电解质可以有效抑制锂枝晶的生长，从而锂金属就可以作为负极来使用；部分固体电解质的使用电压区间超过 5V，这为高电压正极等新型正极材料的使用提供了有力支持。全固态锂电池凭借上述优势，有望成为锂电池发展的必然趋势。

相对于已经大规模产业化的液态锂离子电池，全固态锂离子二次电池除电解质为固体状态外，还具有一系列优点：

(1) 相对于液体状态的有机电解液，固态电池在使用过程中不存在漏液以及腐蚀的问题。电极材料与电解质之间的固－固接触界面杜绝了液态电池循环过程中副反应产生 SEI(solid—electrolyte—interface) 膜的过程，因此电池的循环稳定性能够得到提高。另外，刚性的固体电解质还能有效地阻止电池充／放电过程中锂枝晶的穿透，防止电池循环过程中短路现象的发生。

(2) 固态电解质有更高的分解电压窗口以及更高的锂离子迁移数 (接近 1)，前者可以扩大与之匹配的电极材料的使用范围，提高电池的储能能量密度，而后者使得固态电解质的锂离子电导率可以超过液态电解质的有效锂离子电导率。

(3) 固态电池还具有结构紧凑、可加工性强等优点。在实际应用中，固态电池既可以通过降低电解质层的厚度做到电池薄膜化、高电压集成化，也可以通过提高活性物质承载量制备体型块体电池用于电网以及新能源汽车的能量提供单元。同时，相对于液态锂离子电池，全固态锂离子二次电池的使用温度范围更宽、应用领域更广。

图中给出全固态二次电池的优势和需要开发的课题。

本节重点
(1) 说明全固态锂离子二次电池的优势。
(2) 指出有机固体电解质的优势及待开发的课题。

全固态二次电池的优势和需要开发的课题

优点	技术方面的理由

安全性高 ← 与有机电解液相比，电解质不容易变成蒸气，故不容易着火。

工作温度范围宽 ← 与有机电解液相比，属于低温特性好的电解质材料。

理论能量密度可大幅度提高 ← 对于在电解液中不能使用的电极材料，也存在使用的可能性。

体积能量密度高 ← 1层非常薄，而且容易实现积层结构。

具有性能进一步提高的可能性 ← 对于正负电极材料，可以采用不同的电解质，从而使在电解液中不能做到的成为可能。

需要开发的课题

量产性低 制造价格高 ← 为了形成固体电解质，需要加压及烧结等，会增加采用电解液时不曾采用的工艺；而蒸镀技术生产效率较低。

开发需要很长的时间 ← 包括材料探索、候补材料间最佳组合的选择、安全性的确认等，开发道路上需要克服的障碍还有不少。

功率密度低 容易发热 ← 电解质的锂离子传导率不一定都高。电解质与电极间、电解质材料间的接触电阻大。

有可能发生未知的事故 ← 固体电解质自身会放出危险性气体，也可能自燃。对于新材料，特别是金属Li及硫等危险性物质的处置有待进一步完善。

4.1.6 全固态二次电池的开发

应用于全固态锂离子电池的固体电解质材料，为保证电池正常工作应满足如下要求：

(1) 具有较高的锂离子电导率（室温条件下锂离子电导率 $>10^{-4}$ S/cm）；

(2) 低电子电导率；

(3) 宽电化学分解电压窗口；

(4) 与已有电极材料的匹配性较好；

(5) 正常使用时稳定性好、对外界环境要求低；

(6) 成本低廉、原材料丰富、制备过程简单；

(7) 当选用金属Li作为负极材料时，与Li不发生化学反应。

目前已有的固态电解质主要包括有机高分子聚合物固态电解质以及无机固态电解质两大类，图中给出了代表性固态电解质的室温锂离子电导率。

在已实用化的多种无机陶瓷锂离子电解质材料体系中，性能较好而受到较多关注和研究的，按照离子类型分，主要包括：磷酸盐类，如 NASICON 型结构的 $Li_{1.4}Al_{0.4}Ti_{1.6}(PO_4)_3$、$LiZr_2(PO_4)_3$、$LiSn_2(PO_4)_3$ 和 $Li_{1+x}Al_xGe_{2-x}(PO_4)_3$ 等；氧化物类，如钙钛矿型结构的 $Li_{3x}La_{2/3-x}TiO_3$ 和 $La_{1/3-x}Li_{3x}NbO_3$，石榴石（garnet）型结构的 $Li_3M_2Ln_3O_{12}$（M=W 或 Te）和 $Li_7La_3Zr_2O_{12}$，LISICON 型结构的 $Li_{14}ZnGe_4O_{16}$ 等；硫化物系，如 Li_2S-SiS_2 体系和 $Li_2S-GeS_2-P_2S_5$ 体系等。它们的基本结构特点均为正离子（多为过渡金属离子）与氧或硫的配位多面体相互连接，构成稳定的骨架，骨架中存在大量的通道和空位，可供锂离子在其中顺利跃迁和迁移，因此具有较高的锂离子电导率。依具体材料的结构以及结晶状态不同，彼此之间的锂离子电导率有较大差异。

依制备工艺不同，这些材料多数可以普通玻璃、陶瓷及微晶玻璃的形式存在；依制备方法不同，又能以体型、薄膜等形式存在。总之，可供选择的花样是很多的。

本节重点
(1) 全固态锂离子电池用的固体电解质应满足哪些要求？
(2) 举例说明磷酸盐类、氧化物、硫化物系固体电解质的特点。
(3) 全固态锂离子电池用固体电解质材料的结构特点。

代表性固体电解质的离子电导率

固体电解质	类型	电导率 /(S/cm)
Polymer 基体 +Li 盐	聚合物基	$10^{-7} \sim 10^{-4}$
$Li_2S\text{-}P_2S_5$	玻璃－陶瓷	$10^{-3} \sim 10^{-2}$
$Li_{10}GeP_2S_{12}$	陶瓷	1.2×10^{-2}
$Li_2O\text{-}MO_x(M=Si，B，P，Ge)$	玻璃	$10^{-9} \sim 10^{-6}$
LiPON	非晶	约 10^{-6}
LiI	—	$10^{-7} \sim 10^{-6}$
Li_3N	—	$>10^{-3}$（单晶）
LISICON	$\gamma\text{-}Li_3PO_4$	约 10^{-7}
$Li_{3.6}Ge_{0.6}V_{0.4}O_4$	$\gamma\text{-}Li_3PO_4$	4×10^{-5}
$Li^+\text{-}\beta\text{-}$氧化铝	—	3×10^{-3}（单晶）
$Li_{1.3}Al_{0.3}Ti_{1.7}(PO_4)_3$	NASICON	$10^{-4} \sim 10^{-3}$
$Li_{0.34}La_{0.51}TiO_{2.94}$	钙钛矿	2×10^{-5}
$Li_7La_3Zr_2O_{12}$ (cubic)	石榴石	3×10^{-4}
$Li_{7-x}La_3Zr_{2-x}Ta_xO_{12}$	石榴石	$10^{-4} \sim 10^{-3}$

4.1.7 全固态二次电池的开发目标和发展前景

　　图为对二次电池的各种电极材料按理论能量密度和与
Li/Li⁺ 间的电位差所做的分类，其中包括在用正极材料、候
补正极材料，在用负极材料、候补负极材料四种，用箭头相
连的组成一个电池系统。可以看出，如果采用固体电解质，
实现达目前 10 倍的能量密度亦有可能。

　　2015 年我国颁布了《中国制造 2025》计划，报告中明
确提出关于动力电池的发展规划：2020 年，电池能量密度
达到 300W·h/kg；2025 年达到 400W·h/kg；2030 年达到
500W·h/kg。

　　电池的整体能量密度主要取决于所使用的正负极材料。
在现有正极材料体系中，三元金属氧化物 NCM、NCA 拥有最
佳的电化学性能，其理论比容量值比传统的 LiFePO₄ 正极材料
的理论比容量值（170mA·h/g）高出 100mA·h/g，被视为
下一代动力电池正极材料的主流。

　　在正极材料比容量提升有限的情况下，若想要进一步提
升电池的比容量，还需要从负极入手。在已开发的锂离子负
极材料中，从能量密度、工作电位、循环性能、环境友好性、
低制造成本、规模化生产潜力等多方面因素综合考虑，Si 负
极及其复合负极被公认为是最具潜力的下一代高比能动力电
池负极材料。

　　面对新的需求，人们开始再次将目光聚集到最早提出的
锂金属电池。锂金属拥有极高的理论容量（3860mA·h/g）、
极低的密度（0.59g/cm³）和最低的电极电位（3.04V vs. 标
准氢电极），一直以来都是作为电池负极最为理想的材料。

　　近年来，人们在锂金属负极的基础上，还提出了除传统
金属氧化物正极外的，以硫单质、空气甚至 H₂O 为正极的新
的电池体系。这些新电池体系都具有较高的能量密度和较低
的制备成本。以 Li—S 电池为例，正极硫来源丰富、价格低廉、
规模化工业生产工艺成熟，其与锂金属构成的电池理论比容
量可达到 1675mA·h/g，远远高于现在的锂离子电池体系。
因此，不论是发展以硅材料为负极的锂离子电池，还是发展
以锂金属为负极的锂电池，都为进一步提升锂电的能量密度
带来希望。世界范围内，无数科研工作者围绕着如何实现这
两类负极的实际应用展开了大量研究工作。

本节重点
（1）列出通用锂离子电池中成为主流的正极 - 负极材料系统。
（2）目前正在开发的候补正极材料有哪些？
（3）目前正在开发的候补负极材料有哪些？

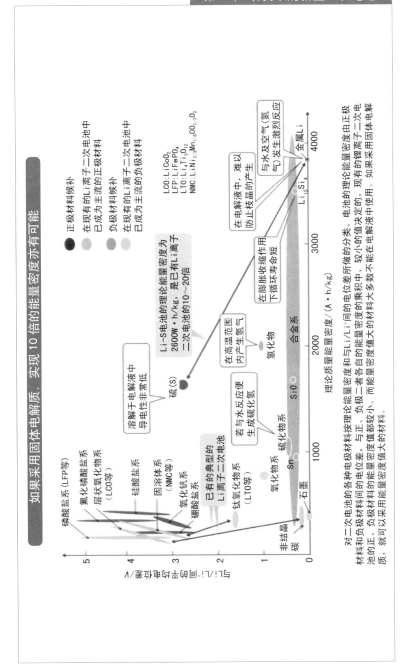

对二次电池的各种电极材料按理论能量密度和与Li间的电位差所做的分类。电池的理论能量密度由正极材料和负极材料间的电位差、与正、负极各自有的乘和来。较小的值决定的。现有的锂离子二次电池的正、负极材料的能量密度值较小，而能量密度值大的材料大多数不能在电解液中使用。如果采用固体电解质，就可以采用能量密度值大的材料。

4.2 开发中的锂二次电池
4.2.1 锂－二氧化锰电池

20世纪70年代初，日本松下电器公司率先发明Li-$(CF)_n$电池并获得实际应用，1976年该公司研制成功锂 - 二氧化锰二次电池，首先产业化并在计算器等领域得到应用。之后，我国也成功研制出了锂 - 二氧化锰电池，填补了国内该电池体系的研制空白，为多种用途的该体系电池开发打下了技术基础。

锂 - 二氧化锰电池以金属锂作为负极，用经过专门热处理的二氧化锰电极作为高活性的正极活性物质，将聚碳酸酯（PC）和乙二醇二甲醚（DME）按1：1的体积比混合，再加入1mol／L的高氯酸锂（$LiClO_4$）的有机溶液作为电解液。作为嵌入化合物，锂的嵌入使二氧化锰从四价还原成三价，同时当Li^+进入MnO_2晶格时便形成Li_xMnO_2。电池总反应的理论电压大约是3.5V，但一个新电池的典型开路电压值为3.3V。电池一般要预放到较低的开路电压，以降低腐蚀作用。该体系电池的正极采用地球上储备丰富的二氧化锰，价格低廉；无论从电极材料还是电解质体系，都不会对环境造成污染；电池储存寿命长，在常温条件下电池储存寿命超过10年，大大降低原材料使用量和成本，减小对地球资源的消耗；电池在储存和放电过程中无气体析出，安全可靠。

锂 - 二氧化锰电池可根据用户需要，设计成各种规格、不同电压值、不同容量的充电电池，广泛用于无线电通信、便携式电脑、摄录像机、医疗器械、航模动力和遥控、仪器仪表、家用小型电器、玩具及助动车电源等。

本节重点
(1) 说明锂 - 二氧化锰二次电池的结构和工作原理。
(2) 写出锂 - 二氧化锰二次电池放电时负极和正极的反应式。
(3) 写出锂 - 二氧化锰二次电池充电时负极和正极的反应式。

锂－二氧化锰二次电池——放电时的反应

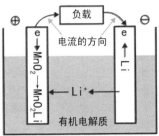

①负极采用金属锂，正极采用二氧化锰（MnO_2）等过渡族金属氧化物。

②负极：$Li \longrightarrow Li^+ + e$

③正极：$MnO_2 + Li^+ + e \longrightarrow MnO_2Li$

锂－二氧化锰二次电池——充电时的反应

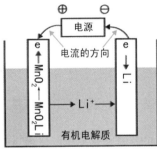

①负极采用金属锂，正极采用二氧化锰（MnO_2）等过渡族金属氧化物。

②负极：$Li^+ + e \longrightarrow Li$

③正极：$MnO_2Li \longrightarrow MnO_2 + Li^+ + e$

要想达到实用化，还要解决容易发生枝晶的问题！

金属锂
二次电池

4.2.2　锂－硫电池

　　锂-硫电池是基于单质硫正极、金属锂负极以及聚合物电解质的二次电池体系，是目前已知的锂离子电池中具有较高理论放电容量的电池体系之一。锂－硫二次电池具有比容量高、成本低、使用温度范围宽、耐过充能力强等优点，可以满足现代信息技术对高性能化学电源的要求，它将是下一代高性能锂二次电池的代表和方向。

　　在电池正极中，单质硫以"冠状"S_8的形式存在。与传统锂离子电池中锂离子在正极材料中嵌入、脱出的"摇椅"（rocking chair）过程不同，锂－硫电池的电极反应过程存在硫的"飞梭"（shuttle）现象，即在放电过程中硫与锂离子反应生成的多硫化锂会溶解在电解质中，并进一步反应生成硫化锂；在充电过程中，多硫化锂或硫化锂被氧化形成硫再回到正极。在负极，锂放电时溶解在溶液中，充电时析出。正极中硫的化学变化比较复杂，会形成一系列硫的聚合物。较高聚合体状态（例如Li_2S_8）代表高的电荷状态和电池的充电状态。较低聚合体状态（例如Li_2S）代表低的电荷状态和电池的放电状态。其放电过程反应如下：

正极：$S_8 + 2e + 2Li^+ \longrightarrow Li_2S_8$ （4-1）

$Li_2S_8 \longrightarrow Li_2S_n + (8-n)S$ （4-2）

$Li_2S_n + 2e + 2Li^+ \longrightarrow Li_2S \downarrow + Li_2S_{n-1}$ （4-3）

$Li_2S_{n-1} + 2e + 2Li^+ \longrightarrow Li_2S \downarrow + Li_2S_{n-2}$ （4-4）

$Li_2S_2 + 2e + 2Li^+ \longrightarrow 2Li_2S \downarrow$ （4-5）

负极：$Li - e \longrightarrow Li^+$ （4-6）

　　碱金属／硫电池很早就引起人们的重视，但使用液态电解液的Li/S电池存在严重的问题：电池的充放电效率低、活性物质利用率低、容量衰减严重等。这是因为放电终产物Li_2S_2和Li_2S是电子绝缘物质，放电过程中正极活性物质放电反应生成的多硫化物中间产物会溶于电解液，随电解液扩散至锂金属负极并与之反应，生成的Li_2S_2和Li_2S沉积在负极表面，造成活性物质的不可逆损失和金属锂表面的钝化。这些缺点使Li/S电池难以得到实际应用。但是聚合物电解质的使用将可能有效地解决上述问题。

本节重点

（1）说明锂-硫二次电池的结构和工作原理。
（2）写出锂-硫二次电池放电时负极和正极的反应式。
（3）写出锂-硫二次电池充电时负极和正极的反应式。

锂－硫二次电池——放电时的反应

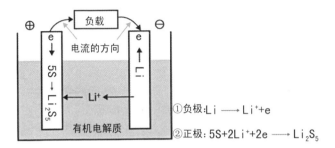

①负极：$Li \longrightarrow Li^+ + e$

②正极：$5S + 2Li^+ + 2e \longrightarrow Li_2S_5$

锂－硫二次电池——充电时的反应

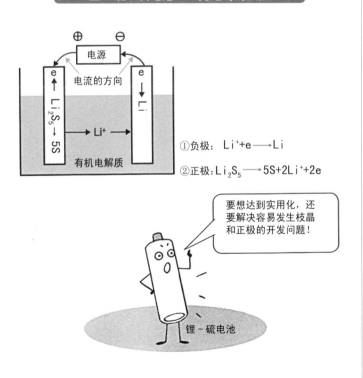

①负极：$Li^+ + e \longrightarrow Li$

②正极：$Li_2S_5 \longrightarrow 5S + 2Li^+ + 2e$

要想达到实用化，还要解决容易发生枝晶和正极的开发问题！

锂－硫电池

4.2.3 锂－硫化铁电池

　　Li－FeS$_x$ 二次电池是在 ANL 电动车系统上发展起来的，单体电池应用了冷压成型的 FeS 和致密 FeS$_2$ 正极片，两种成分的锂合金（α-LiAl+β-LiAl 和 Li$_5$Al$_5$Fe$_2$）负极片，以及富含 LiCl 的低熔点 LiCl-KBr-LiBr/MgO 电解质隔膜片。与电解质隔膜片成分相同的材料也被加入到了正极和负极材料中。富含 LiCl 的电解质（34%LiCl-33.5%KBr-32.5%LiBr，物质的量分数）的熔点比较低，具有较宽的液相范围以及较高的离子电导率。高的离子电导率可使电解质在小负载、电解质欠量的电池中具有小的面积比电阻（ASI）。使用这种电解质的 Li/FeS$_x$ 电池可以在 400 ～ 425℃ 的温度范围内工作，而使用 LiCl-KCl 电解质的电池需要在 450 ～ 475℃ 的温度区间工作。采用这种电解质和致密 FeS$_2$ 正极电极片制备的电池，在只使用其较高的电压平台（U.P.）时，浸没单体电池的循环寿命已超过 1000 次以上。使用 LiCl-KCl 电解质的 Li/FeS 体系有同样的循环寿命。

本节重点
（1）说明锂 - 硫化铁二次电池的结构和工作原理。
（2）写出锂 - 硫化铁二次电池放电时负极和正极的反应式。
（3）写出锂 - 硫化铁二次电池充电时负极和正极的反应式。

锂－硫化铁二次电池的构造

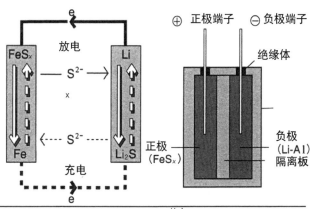

正极反应：$FeS + 2e \underset{充电}{\overset{放电}{\rightleftharpoons}} Fe + S^{2-}$

负极反应：$2Li + S^{2-} \underset{充电}{\overset{放电}{\rightleftharpoons}} Li_2S + 2e$

全体反应：$FeS + 2Li \underset{充电}{\overset{放电}{\rightleftharpoons}} Li_2S + Fe$ $(E^{\cdot}{}_{FeS} = 1.33V)$

几种革新电池的构成

电 池	正极	负极	电解质	特 征
Li 金属二次电池	与锂离子电池相类似	Li 金属	与锂离子电池相类似	采用与锂离子电池相类似的正极、电解液便可构成
Mg 金属二次电池	需要新开发	Mg 金属	需要新开发	具有高的理论容量 Mg 的资源丰富
全固体型 Li 金属二次电池	与锂离子电池相类似	Li 金属	氧化物固体电解质	电解质为不燃性的，安全性高，可以构筑双极性结构
Li－空气电池	空气极（氧气）	Li 金属	电解液 固体电解质	具有数倍于锂离子电池的理论能量密度
Li－硫电池（液系、全固态型）	硫（与炭组成复合物）	Li 金属	液态电解质 硫化物固态电解质	硫的理论容量大，可期待制作高容量的电池。硫的资源极为丰富

4.2.4　钠－硫电池

　　钠 - 硫电池是负极用熔融钠，正极使用熔融硫，电解质使用具有钠离子传导性的固体电解质而构成的二次电池。由于正负极都处于熔融状态，故需要在 300 ～ 350℃的高温下才能正常工作。

　　固体电解质还有使两个熔融电极相互分离的作用。由于必须耐高温，因此要使用陶瓷。钠 - 硫电池的充放电过程如下：

　　电池充电是分别在正负极向钠和硫注入规定量电荷。放电时很简单，在负极是 $Na \longrightarrow Na^+ + e$，在正极是 $2Na^+ + xS + 2e \longrightarrow Na_2S_x$。借由放电，钠向正极移动，因此从理论上讲，一旦钠耗尽，放电便停止。充电过程由逆反应而恢复原始状态。

　　钠 - 硫电池的理论能量密度高达 760W·h/kg，是一种高能蓄电池，按相同质量计算，它所储存的能量为常用铅蓄电池的 5 倍。常用的电池是由液态电解质将两个固体电极隔开，而钠 - 硫电池正相反，它是由一个 $\beta\text{-}Al_2O_3$ 固体电解质做成的中心管，将内室的熔融钠（熔点 98℃）和外室的熔融硫（熔点 119℃）隔开，并允许 Na^+ 通过。整个装置用不锈钢容器密封，该容器同时作为硫电极的集流器。在电池内部，Na^+ 穿过固体电解质与硫反应，从而传递电流。

　　钠 - 硫电池的主要用途是夜间电力的储藏（城市中扬水发电功能的实现），对于输出变动大的风力发电及太阳能发电的输出稳定化等。

　　由于钠 - 硫电池在高温下工作，运输停止、启动都要花费时间，因此不适合频繁启动、停止的用途。一旦启动应保持其长时间运转，相应的管理措施对于提高效率至关重要。钠 - 硫电池的另一重要功能是对于电网的顺断可确保安全用电。

本节重点
（1）说明钠 - 硫二次电池的结构和工作原理。
（2）写出钠 - 硫二次电池放电时负极和正极的反应式。
（3）写出钠 - 硫二次电池充电时负极和正极的反应式。

钠－硫（NAS）二次电池的原理

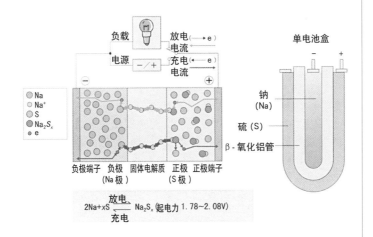

负载
放电（——→ e）
电流
电源 — ／ +
充电（←—— e）
电流

单电池盒

- Na
- Na⁺
- S
- Na₂Sₓ
- e

负极端子　负极　固体电解质　正极　正极端子
（Na 极）　　　　　（S 极）

钠
(Na)

硫 (S)

β - 氧化铝管

$$2Na + xS \underset{充电}{\overset{放电}{\rightleftharpoons}} Na_2S_x \text{（起电力 1.78~2.08V）}$$

钠 - 硫（NAS）二次电池

4.3 锂－空气二次电池和超级电容器
4.3.1 锂－空气二次电池

1996 年，K.M.Abraham 等在 J.Electrochem.Soc 上首次报道了有机系列电解液 - 锂 - 空气电池。不同于锌 - 空气电池、铝 - 空气电池等传统水系金属 - 空气电池，锂 - 空气电池作为一种新型金属 - 空气电池，具有最低电化学电位（$-3.04V$，vs. SHE）及最高电化学当量（$3860mA \cdot h/g$）的金属锂作为负极，其理论能量密度高达 $11400W \cdot h/kg$，甚至高于甲醇燃料电池的能量密度（$6098W \cdot h/kg$）。

如上图所示，有机锂 - 空气电池主要由金属锂负极、含有可溶性锂盐的有机电解液及空气电极（即正极，通常由高比表面积的多孔碳组成）所构成。放电时，在负极上发生氧化反应：$Li \longrightarrow Li^+ + e$，电子通过外电路进行迁移，而在正极上 Li^+ 与氧气反应生成 Li_2O_2（可能是 Li_2O）。上图同时列出原来有机锂 - 空气电池存在的主要问题。

目前，有机体系锂－空气二次电池的研究主要集中在多孔碳空气电极、催化剂以及正负电极分别采用水性电解液和有机电解液等方面，如下图所示。对多孔碳空气电极的相关研究表明，孔容（尤其是介孔孔容）是决定多孔碳空气电极性能最重要的结构参数。比表面积、孔径、电极厚度对放电容量也有重要的影响。

本节重点

(1) 锂 - 空气二次电池有哪些优势？
(2) 写出锂 - 空气二次电池放、充电时负极、正极上发生的反应式。
(3) 新型锂 - 空气二次电池在结构上有哪些变化？解决了哪些问题？

原来的锂 – 空气电池

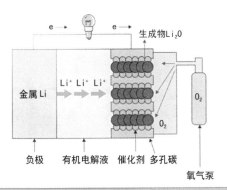

负极　有机电解液　催化剂　多孔碳

氧气泵

原来的锂 – 空气电池存在的问题

① 在正极，由于固体反应生成物 (Li_2O) 的蓄积，会使细孔堵塞，致使放电停止。

② 若空气中的水分与金属锂发生反应，会产生危险的氢气。

③ 空气中的氮与金属锂发生反应，有可能对放电产生妨害作用。

新型锂 – 空气电池

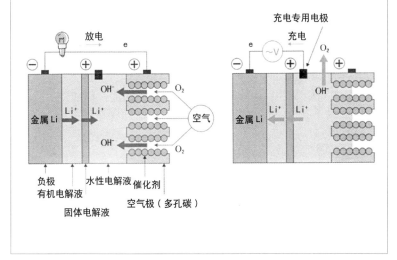

负极
有机电解液
固体电解液
水性电解液　催化剂
空气极（多孔碳）

4.3.2　锂－铜二次电池

　　在上图所示的锂－铜可充放电电池中，有机（或非水）系电解液（$LiClO_4$ EC/DEC）和水系电解液（$LiNO_3$）被一片锂离子固体电解质陶瓷片（LISICON）隔开，金属铜片被放置于水系电解液中，并被用作正极活性材料，金属锂片置于有机电解液中，并被用作负极活性材料。

　　在充电过程中，通过电解反应，金属铜被转化为铜离子，并溶解到水系电解液中，与此同时，水系电解液中的锂离子经过 LISICON 膜，扩散到有机系电解液中，并在金属锂表面沉积，形成金属锂。在放电过程中，水系电解液中已形成的铜离子被转化为金属铜，并沉积在金属铜电极的表面。同时，金属锂被氧化为锂离子，所形成的锂离子通过 LISICON 膜，从有机系电解液扩散到水系电解液。

　　从工作原理看，锂-铜电池是一种有别于传统锂离子电池的新型电池，在该体系中，金属的溶解析出反应首次被用作锂电池的正极反应。其特点可以总结为以下几点（下图）：

　　①制造成本低廉。

　　②采用铜电极放电容量可提高 5 倍以上。

　　③金属电极容易再生，例如，可以通过太阳能从盐溶液中提取铜离子，并通过低温还原的方式制备金属铜。而传统的锂电池正极材料则需要通过高温煅烧的方式来合成，该过程会造成大量能耗，并且会导致污染。

　　④金属铜不仅可以作为正极活性物质，而且还可以作为电流集流体以及电池外包装物。

　　⑤电解液可重复使用。

　　当然，锂－铜电池也具有其固有的缺点，例如，其充电深度不容易控制以及其功率密度仍受到陶瓷状锂离子导体膜的限制等。

本节重点

（1）介绍锂-铜二次电池的工作原理和结构。

（2）从工作原理看，锂-铜二次电池与传统锂离子电池有哪些区别？

（3）锂-铜二次电池有哪些特点？

锂－铜二次电池的概要

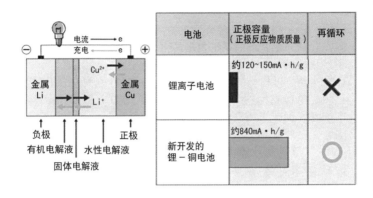

电池	正极容量 （正极反应物质质量）	再循环
锂离子电池	约120~150mA·h/g	✕
新开发的 锂－铜电池	约840mA·h/g	○

锂－铜二次电池的特性

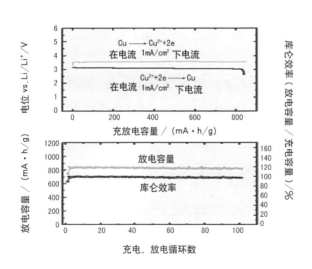

4.3.3 氧化还原液流电池和全钒液流电池

在讨论超级电容器之前，先简要介绍**氧化还原液流电池**（redoxflow battery, RFB）和**全钒液流电池**。

前者所用的"离子液流反应堆"包括电池反应堆和两个存储罐。正负电极采用含有活性材料颗粒、导电剂和电解液的半固态浆料。在充电时，正负极悬浮液分别流经正负极反应腔，离子从正极活性材料颗粒的晶格中脱出来，穿过隔膜，到达负极，嵌入到负极材料晶格中；在正负极反应腔之间有多孔隔膜，将正负极电极材料的活性颗粒隔开，防止短路，同时允许电解液中的各种离子和溶剂分子通过，以使正负极保持离子和电荷平衡。

后者与其他液流电池相比，正负极的活性物质是种类相同仅价态不同的钒离子，有效避免正负极电解质交叉渗透造成的污染。通过对钒离子价态进行调整，极易实现电解液的持续使用和重复利用，可提高电池的运行寿命且降低运行周期成本。

两种液流电池都是开放式电池，将传统电池的正负极材料从块体变为分散在电解液中的悬浮颗粒或干脆全变为液体，并利用液流电池的结构实现电极物质的可循环流动。克服了电池能量受限于电极材料的缺点，减少了无容量贡献的金属集流体等辅材的使用量，同时具备能量密度和功率密度相互独立的优点。

几种液流电池参数对比

电池类型	正极反应	负极反应	电压/V	效率/%
铁/铬	$Fe^{2+} \longrightarrow Fe^{3+} + e$	$Cr^{3+} + e^- \longrightarrow Cr^{2+}$	1.18	73
全钒	$VO^{2+} \longrightarrow VO_3^+ + e$	$V^{3+} + e^- \longrightarrow V^{2+}$	1.259	83~87
锌/溴	$2Br^- \longrightarrow Br_2 + 2e$	$Zn^{2+} + 2e^- \longrightarrow Zn$	1.836	69.4
多硫化钠/溴	$2Br^- \longrightarrow Br_2 + 2e$	$Si^{2-} + 2e^- \longrightarrow 2S_2^{2-}$	1.34	—
锌/铈	$Ce^{3+} \longrightarrow Ce^{4+} + e$	$Zn^{2+} + 2e^- \longrightarrow Zn$	2.48	75

注："—"表示无相关数据。

本节重点
(1) 介绍氧化还原液流电池的结构和工作原理。
(2) 介绍全钒液流电池的结构和工作原理。
(3) 氧化还原液流电池和全钒液流电池有哪些特点和优势？

液流电池工作原理示意图

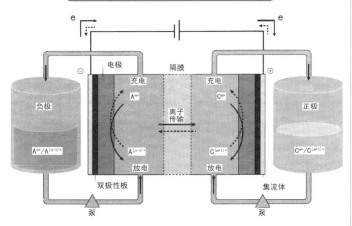

全钒液流电池结构及原理示意图

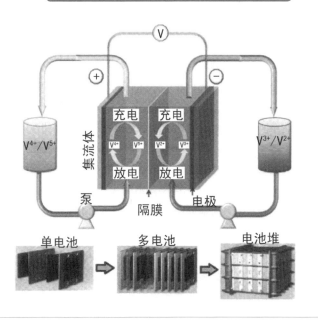

4.3.4 超级电容器

超级电容的概念是相对普通电容而言的，普通电解电容的容量以 μF 为单位，而超级电容顾名思义，容量上有大的提高，以 mF 甚至 F 为单位。超级电容器的"**超级电容量**"和快速的充放电能力是其具有"**高功率密度**"的保证。超级电容器按其特点可分为：

(1) 从储能机理的角度可分为双电层电容器和法拉第电容（也叫赝电容）器。这两种电容器都采用三明治结构，即正负极间由隔膜分离，中间注入电解液。赝电容概念最早由康维于 1991 年提出，表示一种类似电容的行为，意指电容在充放电过程中电极发生氧化和还原反应，或者是发生化学吸附和脱附。

(2) 按照所用电解液来分类，可以分为水系和有机系两种类型的超级电容器。

(3) 按材料来分类，可以分为碳材料电容、金属氧化物电容和导电聚合物电容。碳材料主要是活性炭、石墨烯、碳纳米管、碳纤维等。

本节重点
(1) 何谓超级电容器？ 超级电容器应具备哪些特点？
(2) 说明双电层超级电容器的结构和工作原理。
(3) 说明赝电容超级电容器的结构和工作原理。

双电层电容器工作原理

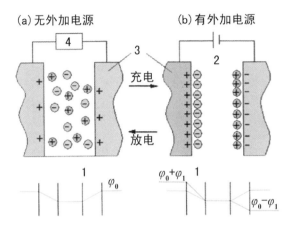

(a) 无外加电源 (b) 有外加电源

充电

放电

φ_0

$\varphi_0 + \varphi_1$

$\varphi_0 - \varphi_1$

1—双电层；2—电解液；3—电极；4—负载

赝电容工作原理

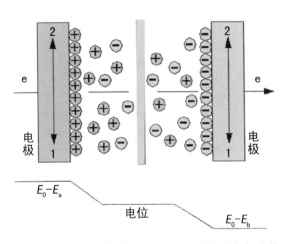

电极 电极

$E_0 - E_a$

电位

$E_0 - E_b$

$E_0 - E_a$ 为充电状态正极电位；$E_0 - E_b$ 为充电状态负极电位

4.3.5 超级电容器的应用

超级电容器具有高功率密度、快速充放电能力和优异的循环寿命等特点，广泛应用于以下五个领域。

(1) 交通领域　汽车智能启停技术是超级电容器可以大放异彩的领域。当汽车怠速时，启停系统会使发动机暂停运行，并将此期间产生的热量转换为电能储存在超级电容器中。待汽车重新启动时，超级电容器所储存的电能可实现大功率输出，直接驱动发电机工作。此外，可快速充放电的能力也是其一大优势。超级电容器也以能量回收装置形式应用在高铁中，旨在提高能量的利用率。

(2) 消费电子领域　智能手机在拍照过程中要驱动闪光灯，需要大电流，超级电容器具有高功率输出的属性，而且优异的循环寿命完全可应对闪光灯的频繁启动，因此超级电容器非常适合作为辅助电源模块驱动大功率元件工作。

(3) 电力系统领域　超级电容器因具备大电流充放电的能力，可以承受大电流的冲击，并可在放电时实现恒电流输出，因此广泛应用于新能源如太阳能、风能、地热能的收集、利用及并网领域中。此外，超级电容器还可搭载太阳能电池使用，通过收集白天太阳能板所产生的能量，实现夜间供电。

(4) 传统备用电源　早期超级电容器通常应用于备用电源领域，因其较低的能量密度及可快速充电的能力，可在短时间内充满电，与主电源一起使用，可起到保护主电源的作用。比如作为智能电表的备用电源，能够在断电时提供电量，保证内部的数据及时存储。

(5) 军用领域　军用的通信基站、卫星通信系统等都需要瞬间大电流驱动，超级电容器具有大电流输出的特点正好符合其要求。此外，一些大功率的脉冲武器及作战车也需要利用超级电容器大功率输出激活装备，驱动车辆。

本节重点

(1) 指出超级电容器在交通领域的应用。
(2) 指出超级电容器在消费电子领域的应用。
(3) 指出超级电容器在军事领域的应用。

超级电容器和其他能源储存器件的能量 – 功率密度对比

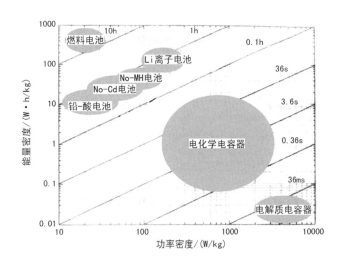

各类储能器件的 Ragone

几种储能器件的 Ragone

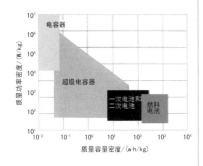

书角茶桌

新材料延长锂金属电池寿命，增加汽车机动性

锂金属电池的储电量相当于锂离子电池的 10 倍，但是因为一个致命缺陷一直未实现商业化：当锂金属电池充放电时，锂会不均匀地聚集在电极上。这种积聚会大大缩短电池寿命，更危险的是，这可能导致电池短路和起火。

现在，美国伊利诺伊大学芝加哥分校（UIC）的研究人员开发了一种以氧化石墨烯为涂层的"纳米片"来解决这一问题：将这种纳米片置于锂金属电池的两个电极之间，用以防止锂的不均匀聚集，可使电池经过数百次的充电/放电循环仍能安全工作。研究人员将研究成果刊登在美国《先进功能材料》杂志上。

这篇研究论文的通讯作者指出："我们的研究结果表明，二维材料——在此例中为氧化石墨烯——能够帮助调节锂聚集，从而延长锂金属电池的寿命。"

隔膜作为锂离子电池的四大关键材料之一，被置于电解液中。该隔膜通常由多孔聚合物或玻璃陶瓷纤维制成，隔膜允许锂离子通过，同时挡住其他离子通过，以防发生可能导致起火的短路。

开发者在锂金属电池中使用了一种改进的隔膜来调节锂离子的流动，以控制锂的聚集速度，然后观察其是否能防止锂树枝状结晶的形成。他们把氧化石墨烯喷涂到一种玻璃纤维隔膜上，从而制造出他们所说的"纳米片"。

研究人员利用扫描电子显微镜和其他成像技术证实，当这种纳米片被用于锂金属电池时，锂电极表面会形成一层均匀的锂膜，这实际上提高了电池性能，并且令电池更安全。

机动性更好的电动汽车需要由快充、安全和小巧的电池驱动。为此，研究人员正在研制下一代电池，用固体电解质取代液态电解质，从而增加电池的能量密度。

最近有人研制出一种固态纳米复合材料电解质，电导率高达 10mS/cm，而且今后有望进一步提升。使用这种新电解质制造出电池原型，其能量密度达到 200W·h/L，充电时间为 2h。

目前已制造出有望达到液态电解质电池能力的固态电池，其制造流程跟前者类似。但跟液态电解质电池不同，固态电池兼容金属锂阳极，目标为 0.5h 充满 1000W·h/L。再加上使用寿命长、安全性能高，从而使这种小巧电池技术前景广阔，可应用于未来的远程电动车。

第5章

燃料电池原理及基本要素

书角茶桌

　　享受更多蓝天，清洁能源要领跑

5.1 燃料电池发展概述
5.1.1 燃料电池的发展简史及应用概况

燃料电池（fuel cell）的发展简史如图所示。燃料电池的起源可以追溯到 19 世纪初，欧洲的两位科学家 C.F.Schonbein 教授与 William R.Grove 爵士，他们分别是燃料电池原理的发现者和燃料电池的发明者。Schonbein 在 1838 年首先发现了燃料电池的电化学效应，而第二年 Grove 发明了燃料电池。氢气与铂电极上的氯气或氧气所进行的化学反应过程中能够产生电流，Schonbein 将这种现象解释为极化效应，这便是后来燃料电池的起源。"燃料电池"一词一直到了 1889 年才由 L.Mond 和 C.Langer 两位化学家提出，他们采用浸有电解质的多孔非传导材料为电池隔膜，以铂黑为电催化剂，以钻孔的铂或金片为电流收集器组装出气体电池。

20 世纪 60 年代初期美国国家航空航天局（NASA）为了寻找适合作为载人宇宙飞船的动力源，开始资助了一系列燃料电池的研究计划，制造出 Grubb-Niedrach 燃料电池，而且于 1962 年顺利应用于双子星太空任务。

20 世纪初期，飞机发动机制造商普惠公司取得了培根碱性燃料电池专利后，便着手进行减轻其质量的设计，进而成功地开发出碱性燃料电池作为阿波罗登月计划的宇宙飞船动力。杜邦公司于 1972 年成功地开发出了燃料电池专用的高分子电解质隔膜 Nafion。加拿大巴拉德动力系统公司在 1993 年所推出了世界第一辆以质子交换膜燃料电池为动力的车辆。

近年来，许多国家和地区都将燃料电池技术与周边设施产业的开发列为国家重点研发项目，例如，日本的"新阳光计划"。

作为了解燃料电池的总纲，下图按工作温度给出燃料电池的分类。第 6 章还要详细介绍。

了解燃料电池的发展简史。

燃料电池的发展简史

年	事项
公元 0 年前	在美索布达尼亚发明古代电池。
1791 年	伽伐尼 (Galvani) 用青蛙腿发现电池现象（意大利）。
1800 年	伏打发明采用稀硫酸的伏打电池（意大利）。
1839 年	Grove 发明燃料电池的原型（英国）。
1889 年	Mond 和 Langer 探讨并提示出了采用支持物质的电池（英国）。
1896 年	Jacks 探讨并提示出了采用苛性钾的电池（美国）。
1921 年	Bauru 采用混合熔盐探讨并提出了熔融碳酸盐型的原型（德国）。
1933 年	Topler 探讨并提出了碱型燃料电池的原型（德国）。
1952 年	Beacon 获得燃料电池 (Beacon) 的英国专利（英国）。
1954 年	Usech 开发了二层骨骼催化电极（德国）。
1959 年	Beacon 等人制造由燃料电池驱动的拖拉机。
1965 年	在双子星 (Gemini)3 辆载人飞船上成功搭载固体高分子型燃料电池（美国）。
1966 年	杜邦公司开发出电解质膜 Nafione®（美国）。
1967 年	开始采用磷酸型燃料电池的 TARGET 计划（美国）。
1968 年	在阿波罗 7 号上成功搭载碱型燃料电池（美国）。
1977 年	开始采用磷酸型燃料电池的 GRI 计划（美国）。
1981 年	开始以节能技术开发为目标的月光 (MoonLight) 计划（日本）。
1987 年	由巴拉德公司开发高效率、高输出燃料电池（加拿大）。
1991 年	开始以能源环境技术开发为目标的新阳光 (NewSunshine)（日本）。
1991 年	由巴拉德公司和戴姆勒 - 奔驰公司开发燃料电池汽车（加拿大, 德国）。

燃料电池的分类

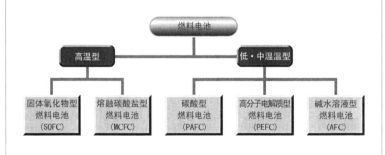

5.1.2 燃料电池与普通化学电池（一次、二次电池）的基本差异

现在，我们在各种场合、各种用途中使用的电池，几乎都是化学电池。化学电池还能够进一步分成一次电池、二次电池和燃料电池。

一次电池，是电能用尽就扔掉的"一次用完型"电池。在输出电能的化学反应中，发生变化的物质不能返回原来状态。这种不能返回原来状态的单向进行的化学反应，叫做不可逆化学反应，一次电池是通过不可逆化学反应输出电能的电池。

二次电池，是在电能"一次用完"后能够进行充电再使用的电池。也就是说，电池能够通过物质的化学反应产生电能，也能从外界接受电能通过化学反应使物质返回原来状态，并且能够从返回原来状态的电池再次输出电能。

一次电池和二次电池内通常装有可以发生化学反应、产生电能的物质，但也有从外部不断供给化学反应物质而连续发生化学反应并产生电能的燃料电池。在燃料电池中，在化学反应前供给化学反应的反应物就是燃料，化学反应后排出化学反应的生成物，有的生成物也会堆积在电池内。因此，只要不断地供给燃料，就能连续的产生电能。

本节重点

（1）何谓一次电池、二次电池和燃料电池？

（2）燃料电池与普通化学电池（一、二次电池）有哪些基本差异？

（3）用化学语言给出燃料电池的定义。

化学电池（一次、二次电池）与燃料电池的基本差异

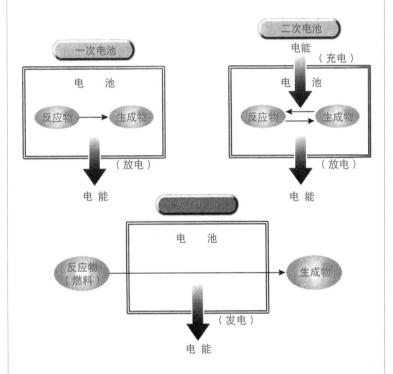

关于燃料电池，用化学语言定义为：从外部持续地供应燃料（还原剂）和氧或空气（氧化剂），使之发生电化学反应，便可持续不断地取出电能的装置。由于反应近理想地进行，电池本身几乎不发生任何变化，因此可以无限地放出电流。

5.1.3 Bauru 和 Toplex 燃料电池的原理

对 Grove 的电池十分关注，并于 50 年后的 1889 年继续进行该研究的是英国的 Mond 和 Langer。他们采用石棉那样的具有许多小孔洞的支持物质（称其为 matrix），其中渗入稀硫酸。以此很容易组装成电池，而且性能也是稳定的，直到现在，这种在 matrix 中渗入电解质的方式在一部分电池中仍有采用。但是，其性能非常低，离实用化始终有一定距离。

1896 年，美国的 Jacks 在铁制的罐子中放入 400 ～ 500℃的苛性钠，在其正中插入电极，考察了燃料电池的可能性。他向铁制的罐子中吹入空气，并以此作为正极而起作用，将 100 个这样的铁罐相串联，得到 1.6kW 的输出功率，并成功运行了 6 个月。

使上述方式进一步发展的是德国的 Bauru。他实验了种种熔盐之后，制成以碳酸钾和碳酸钠混合熔盐为电解质的燃料电池。负极采用铁和氢，正极采用氧化铁和空气，在 800℃获得了电压为 0.77V，电流为 4.1mA/cm^2 的特性。性能尽管不高，但可以认为它是今日熔融碳酸盐型燃料电池的原型。

与这种高温工作的燃料电池的研究相并行，人们对有可能在常温附近使用的燃料电池也进行了改良。1932 年，德国的 Hize 和 Schemaha 提出以苛性钠（NaOH）为电解液，为了防止液体流出，以藉由石蜡进行防水处理的炭粉末作为正极的方案。参考这一方案，德国的 Toplex 组装成如图所示以氢为燃料，常温下可工作的燃料电池，其性能提高也不断得到确认。这被认为是碱型燃料电池的原型。

本节重点
(1) 进展中的燃料电池都是精心研究和改良的产物。
(2) 介绍熔盐型燃料电池的原型。
(3) 介绍碱型燃料电池的原型。

Bauru 熔盐型燃料电池的示意图

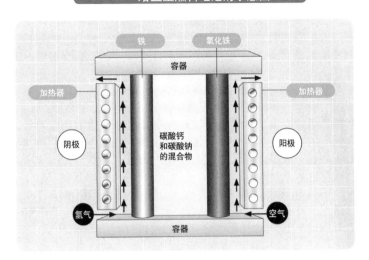

Toplex 燃料电池的示意图

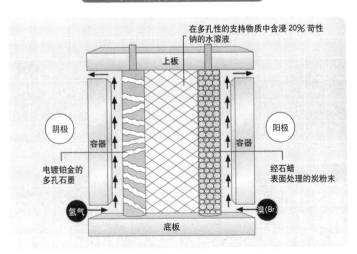

5.1.4 Beacon 燃料电池的诞生

Toplex 制成的燃料电池也可以说是现代碱型燃料电池的原型。但是，第二次世界大战迫使其研究停止。战后燃料电池的研究最早是由苏联的达布恰因开始的。负极采用渗入镍颗粒的活性炭，正极采用渗入银颗粒的活性炭，电解液采用 35% 的苛性钠。

无电流情况下的电压（称其为开路电压）为 1.2V，电流密度为 35mA/cm^2 时的电压为 0.7V。这些参数同以前相比，有数量级的提高，但需要解决的关键课题是电极的制作方法。在细孔大量存在的电极中要浸入电解液，但作为电极而起作用的表面有可能被堵塞。为了有效使用细小的孔洞，要用疏水的石蜡对电极进行处理。

在此道路上，1952 年英国人 Beacon 使燃料电池的性能获得最显著的提高，并取得现在仍称为 Beacon 电池的燃料电池的英国专利。Beacon 在 Hize 和 Schemaha 所提出的燃料电池结构的基础上，对其两个缺点进行了改进。一个缺点是采用高价的铂催化剂；另一个缺点是采用腐蚀性大的硫酸作电解质。Beacon 对采用碱电解液的燃料电池的电极进行了改良。藉由镍的有机化合物热分解得到细的镍颗粒，再将其吸附在炭粉表面进行烧结，得到分布有大量小孔的镍颗粒分散电极。

另外，将电极中存在的孔洞按大小分为两类，与电解质接触部分的直径小，而相反一侧的直径大。这样做的结果，如图中所示，电解质一侧充满液体，而气体可以到达电解质和电极相接触的场所，从而促进大面积上的反应。

在 Beacon 电池中，电解质采用 27% ～ 37% 的苛性钠，气体压力 2.7 ～ 4.5MPa，工作温度 200 ～ 250℃，性能获得明显提高。

（1）Beacon 燃料电池中采取了哪些措施使性能得以提高？
（2）对催化剂和电解质进行改良的 Beacon 燃料电池。

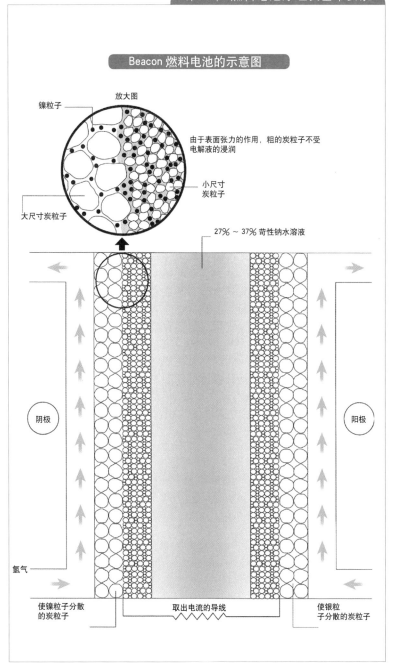

Beacon 燃料电池的示意图

镍粒子

放大图

由于表面张力的作用，粗的炭粒子不受电解液的浸润

小尺寸炭粒子

大尺寸炭粒子

27% ～ 37% 苛性钠水溶液

阴极

阳极

氢气

使镍粒子分散的炭粒子

取出电流的导线

使银粒子分散的炭粒子

5.2 燃料电池的发电原理
5.2.1 燃料电池由氢、氧反应发电

　　氢氧燃料电池运转基本结构包括中间的一层电解质（electrolyte），两边则分别贴附着多孔阴极（porous cathode）与多孔阳极（porous anode），阳极持续补充氢气，而阴极则持续补充氧气，电化学反应在电极上发生。阳极（负极）反应后产生的质子通过电解质而抵达阴极，而电子从阳极（负极）经过外接负载抵达阴极（正极），由此完成电流回路，反应产物水及未反应的氢气与氧气则经由电极出口排出。

　　燃料电池与一般传统电池一样，是一种将活性物质的化学能转化为电能的装置，因此都属于电化学动力源，与一般传统电池不同的是燃料电池的电极本身不具有活性，而只是个催化转换组件。传统电池除了具有电催化组件外，本身也是活性物质的贮存容器，因此，当贮存于电池内的活性物质使用完毕时，则需停止使用而且必须重新补充活性物质后再进行发电。相对地，燃料电池则是名副其实的能量转换机器，而并非能量贮存容器，燃料和氧化剂等活性物质都是从燃料电池外部供给，原则上只要这些活性物质不断输入，产物不断排除，燃料电池就能够连续地发电。因此，从工作方式来看，燃料电池较接近于汽油或柴油发电机。

本节重点
（1）说明燃料电池由氢、氧反应发电是水电致分解的逆过程。
（2）燃料电池可连续产生电能。

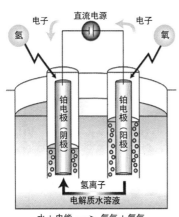

水的电致分解

电子　　直流电源　　电子

氢　　　　　　　　　氧

铂电极（阴极）　　铂电极（阳极）

氢离子

电解质水溶液

水＋电能 ⟶ 氢气＋氧气

燃料电池由氢、氧反应发电

电子　　负荷　　电子

氢　　　　　　　　　氧

铂电极（燃料极）　　铂电极（空气极）

氢离子

电解质水溶液

氢气＋氧气 ⟶ 水＋电能

干电池和燃料电池的比较

正极（＋）

内装燃料和氧化剂

负极（－）

干电池

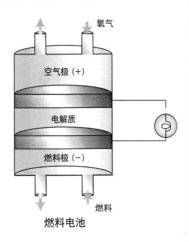

氧气

空气极（＋）

电解质

燃料极（－）

燃料

燃料电池

-175-

5.2.2　燃料电池直接将燃料变成电

　　燃料电池（fuel cell）的基本结构如图所示，它是由多孔性金属或碳素构成的两电极，中间夹有各种电解质构成的。在负极（燃料极），从外部供给的氢气通过电极内的细孔到达反应区域附近，并被该电极内存在的催化剂所吸附，变为活性的氢原子。

　　这种氢原子变为氢离子，藉由图中所示的反应将两个电子（2e）送到电极。该电子通过外部回路到达反对侧的正极（空气极）。

　　在正极（空气极），由于存在催化剂，会接受来自电极两侧的电子，与从外部供应的氧分子生成氧离子，作为电池整体，发生生成水的反应。

　　让氢气和氧气反应得到电的燃料电池称之为氢 - 氧燃料电池。氢气进入的电极称为燃料极，氧气进入的电极称为空气极。氢 - 氧燃料电池中的电化学反应如图所示。

　　下图按电解质不同给出燃料电池的种类和特性。

本节重点
　　（1）以实例说明燃料电池的结构和工作原理。
　　（2）搞清燃料电池中正、负极与阴、阳极间的关系。
　　（3）搞清燃料电池中正、负极与空气极、燃料极间的关系。

燃料电池发电原理

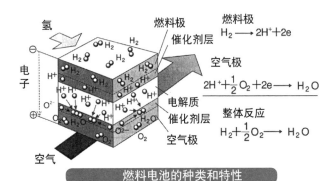

燃料极
$H_2 \longrightarrow 2H^+ + 2e$

空气极
$$2H^+ + \frac{1}{2}O_2 + 2e \longrightarrow H_2O$$

整体反应
$$H_2 + \frac{1}{2}O_2 \longrightarrow H_2O$$

燃料电池的种类和特性

		固体氧化物型	熔融碳酸盐型	磷酸型	高分子电解质型	碱水溶液型
电解质	电解质物质	稳定化二氧化锆 $(ZrO_2+Y_2O_3)$	碳酸锂 (Li_2CO_3) 碳酸钾 (K_2CO_3)	磷酸 (H_3PO_4)	离子交换膜（特别是阳离子交换膜）	氢氧化钾 (KOH)
	导电离子种类	O^{2-}	$CO_3{}^{2-}$	H^+	H^+	OH^-
	电阻率	$\sim 1\Omega cm$	$\sim 1\Omega cm$	$\sim 1\Omega cm$	$\leqslant 20\Omega cm$	$\sim 1\Omega cm$
	工作温度	$\sim 1000℃$	$600\sim700℃$	$170\sim200℃$	$80\sim100℃$	$50\sim150℃$
	腐蚀性	–	强	强	中程度	中程度
	使用形态	薄膜状	在基体中含浸或糊膏型	在基体中含侵	膜	在基体中含浸
电极	触媒	不要	不要	白金系	白金系	镍·银系
	燃料极(阴极)	H_2+O^{2-} $\rightarrow H_2O+2e$	$H_2+CO_3{}^{2-}\rightarrow$ H_2O+CO_2+2e	$H_2\rightarrow2H^++2e$	$H_2\rightarrow2H^++2e$	$H_2+2OH^-\rightarrow$ $2H_2O+2e$
	空气极(阳极)	$1/2O_2+2e$ $\rightarrow O^{2-}$	$1/2O_2+CO_2+$ $2e\rightarrow CO_3{}^{2-}$	$1/2O_2+2H^+$ $+2e\rightarrow H_2O$	$1/2O_2+2H^+$ $+2e\rightarrow H_2O$	$1/2O_2+H_2O+$ $2e\rightarrow2OH^-$
	燃料(反应物质)	氢气、一氧化碳	氢气、一氧化碳	氢气（不可含有二氧化碳）	氢气（不可含有二氧化碳）	纯氢气（不可含有二氧化碳）
	燃料源	石油、天然气、甲醇、煤炭	石油、天然气、甲醇、煤炭	天然气、包括粗汽油的轻质油、甲醇	天然气、甲醇	电解工业的副生氢、水的电解、热化学法电解
	采用化石燃料时的发电系统热效率	50%～60%	45%～60%	40%～45%	40%～50%	60% （燃料电池本体的效率）
	存在问题和待开发课题	·单电池构造·耐热材料 ·电解质的薄化 ·相对于热循环的耐久性	·构成材料的耐腐蚀性能的强化 ·CO_2的循环系统等关键技术的开发、考虑热收支、吊底式热循环的系统解析	·廉价的催化剂的开发及铂使用量的减低 ·包括发电系统全体的长寿命化、低价格化	·构成材料的高性能化，长寿命化 ·单电池制造技术及大型化 ·温度及水分管理 ·铂金使用的减低	·燃料、氧化剂中掺混合 CO_2 不造成电解液劣化 ·水热技术的控制 ·纯氢气燃料利用技术的实例

5.2.3　燃料电池与火力发电的比较

　　燃料电池发电方式与传统热机的火力发电过程仍有显著不同，两者的比较如图所示。火力发电必须先将利用煤炭或石油或天然气等燃料的化学能经由燃烧而变成热能，再利用热能产生高温高压的水蒸气进入中压缸，来推动涡轮机，带动发电机转子（电磁场）旋转，使热能转换为机械能，定子线圈切割磁力线，发出电能，再利用升压变压器，升到系统电压，与系统并网，向外输送电能。在一连串的能量形态变化过程中，不仅会产生噪声和污染，同时也会造成能量损失而降低发电效率。相比之下，燃料电池发电是直接将燃料和空气分别送进燃料电池，燃料的化学能转变为电能，步骤少、效率高，发电过程中没有燃烧，所以不会产生污染，没有转动组件，所以噪声低。

　　现在的火力发电站，由于受到卡诺循环的制约，最终的能量转换效率仅在 40% 上下。

　　与其相对，采用燃料电池，由于途中不需要热交换、机械变换，而是直接转换为电能，其理论效率可达 75% ~ 80%（残余的为热）。

　　而且，燃料电池在构造上不需要复杂的机械部分和启动部分，噪声小，反应生成物也只有水、二氧化碳等无害的液体或气体。

　　如此看来，燃料电池具有能量变换效率高、环境友好等鲜明的特征。

本节重点

（1）对火力发电和燃料电池发电过程进行对比。
（2）对火力发电和燃料电池发电的变换效率进行对比。

各种各样发电方式的变换效率

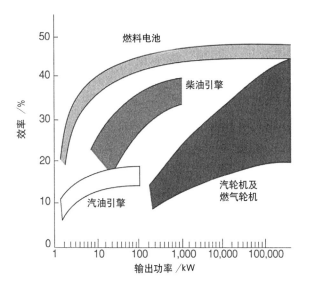

火力发电与燃料电池的比较

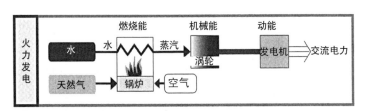

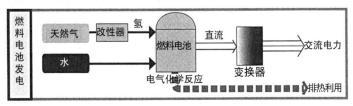

5.2.4　人类身体与燃料电池非常相似

　　燃料电池的第一特征是低公害。燃料电池基本上是燃料与空气经过电化学反应产生电力的过程，并没有火力发电或柴油发电机那样的燃烧过程，它只产生电、水和热而已。因为反应过程并无高温燃烧，几乎不会产生氮氧化物等有害物质。燃料电池的第二个特征是发电效率高。传统的发电方式，自燃料能源至获得电力过程中，经由热能与动能转换，每个阶段均有能量损失。燃料电池的理论效率高达 75%~80%，这是热力学推导出的理论极限值。现实中仍需考虑电极反应的损失，接触电位和电解质电阻的损失等。尽管如此，燃料电池的发电效率还是远高于其他发电方式的。

　　燃料电池的设计可以用人类身体来比拟。氢气之于燃料电池，如同食物之于人类；电解液之于燃料电池，如同血液之于人类。氢气和氧气在电解液中发生电化学反应，产生大量能量，并将能量输送到外部。就如同人将食物和氧气在消化系统中发生化学反应，然后将产生的能量用于供应人体的各项生命活动。而且就如同人类一样，燃料电池可以将燃料高效率地转化为能量，且排出的废物极少。由此看来，以人类身体来比拟燃料电池是多么恰当。

用"人类身体"描述燃料电池。

人类身体与燃料电池非常相似

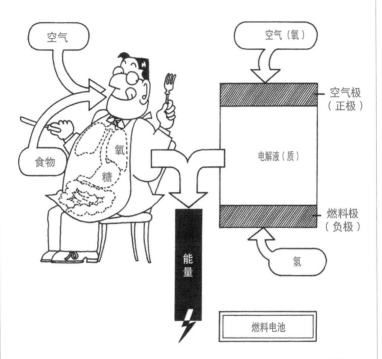

人的肺相当于燃料电池的"空气极"（正极），其作用是吸入空气（氧）；人的胃、肠通过消化液使食物活性化、离子化变得容易吸收，相当于燃料电池的"燃料极"（负极）；血液相当于"电解液"，通过心脏循环，将能量输送至全身。

5.3 燃料电池基本要素
5.3.1 氢－氧燃料电池发电过程

电解质应具备的功能主要有：①能通过离子；②不能通过电子；③使燃料与氧分离。通过使燃料与电解质相组合，可以决定电极反应及离子电导的种类，也可以决定能否使用氢以外的燃料。对于氢－氧燃料电池来说，具备这些条件且具有实用价值的电解质主要有 5 种类型。依据这些电解质的性质，可以决定燃料电池的工作温度、发电效率以及实用化的适应范围等。

对于低温工作燃料电池的电极来说，除去碱型，都要使用铂催化剂。由于温度升高时化学反应活跃，故高温下工作的燃料电池不必要采用催化剂。使用铂作为催化剂时，燃料电池的性能良好，但不可避免的存在价格昂贵问题。

催化剂并非引起，而是促进化学反应。化学反应需要原子间相互结合的化学键发生变化，而催化剂通过与物质的分子发生作用，使该分子间的化学键易于被新的化学键所替换。使原有分子间的化学键合变弱意味着使化学反应活性化。

在燃料电池装置中，整体反应分为燃料极和空气极两个电极上的反应，由燃料极取出电子。铂催化剂在燃料极使氢分子的键合变弱，产生氢原子，并促进其在铂表面被吸附。吸附于铂表面的氢原子会有电子（e）向外电路，离子（H^+）向电解质中移动。而在空气极中，同时有氧分子分解为氧原子而被吸附。通过电解质而移动的离子与通过电解质而移动的电子被吸附，在铂表面来回运动的过程中，发生碰撞和反应，变为水分子而脱离铂表面。这种反应瞬时完成。

上述反应在氢氧气体、电解质以及其间所夹的固体催化剂这三相存在的界面（三相界面）上发生，随着三相界面面积的增加，效率会提高。但这种涉及三相的膜／电极结合体作为燃料电池的心脏部位，需要研究开发的问题还有很多。

本节重点
（1）燃料电池用电解质应具备哪些功能。
（2）针对氢-氧燃料电池发电过程作简要分析。

氢 - 氧燃料电池的工作原理

对于燃料电池来说，反应物(燃料)和生成物(水)都在电池的外部

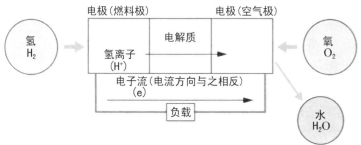

燃料的氧化反应
(电子放出反应)

氧的还原反应
(电子接受反应)

反应系的化学能与生成系的化学能之差，藉由一定量的电子，对负载做功(以电能的方式)

固体高分子型燃料电池的心脏部分

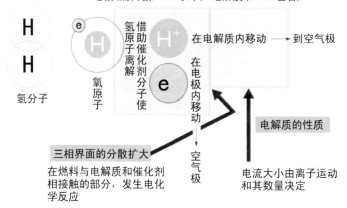

三相界面的分散扩大

在燃料与电解质和催化剂相接触的部分，发生电化学反应

电流大小由离子运动和其数量决定

5.3.2 燃料电池的理论效率

　　燃料电池的效率可以按图中所示加以说明。左侧四方形的上方为反应系（$H_2+1/2O_2$），下方为生成系（H_2O），内部给出反应过程中化学能（焓）向电能和热能的转换。在这种情况下，氢和氧的焓之和比水的焓高，这是反应系发生反应的驱动力。

　　使氢直接与氧反应可生成水。这种化学变化、状态变化一旦发生，焓也会发生变化：

　　　　$\triangle H$（焓变化）＝（生成系的焓）－（反应系的焓）

　　若由相同的化学反应取出直接功（吉布斯能量变化$\triangle G$，由燃料电池产生的电能），焓变并非全部转变为电能。不能以功的形式取出的一部分焓的变化会作为热的形式放出（热力学第一定律）。但是，全体能量变化的总量是不变的。右侧四方形即是对此的表示，其中，燃料电池发出的电能为$-237kJ/mol$。因此，焓变化（$-286kJ/mol$）＝电能（$-237kJ/mol$）+放出的热能（$-49kJ/mol$）。

　　由此可以算出理论效率为 $237 \div 286 = 82.86 \approx 83\%$。这说到底是在 25℃，一个大气压标准状况下的理论值，而目前实际燃料电池可实现的效率一般在 30% ～ 50%。在 25℃ 工作的燃料电池基本上是不存在的，随着温度上升发热部分占比增加，致使$\triangle G$变小，因此效率也会从 83% 逐渐变低。

　　另外，燃料电池的理论输出电压为 1.23V，而电压在 1.23V 时电流为 0。实际上，只有在大量取出电流的情况下电压才会明显下降（电池的 $I\text{-}U$ 特性），下降的部分作为热被排出。燃料电池类型不同，电流－电压特性各异。

　　对于排热来说，温度越高越能有效利用。因此，由电气效率和排热利用效率所表示的综合效率各不相同，一般说来，高温型燃料电池的综合效率更高。

本节重点

（1）燃料电池理论效率为多大，它是如何算出的？
（2）运行温度升高燃料电池的发电效率如何变化，解释理由。
（3）何谓燃料电池的综合效率，为什么高温型的综合效率更高？

-184-

燃料电池的理论效率分析

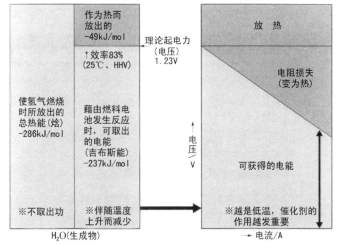

$H_2+1/2O_2$(反应系)

作为热而放出的
-49kJ/mol

↑效率83%
(25℃、HHV)

理论起电力
（电压）
1.23V

使氢气燃烧时所放出的总热能(焓)
-286kJ/mol

藉由燃料电池发生反应时，可取出的电能
（吉布斯能）
-237kJ/mol

※不取出功

※伴随温度上升而减少

H_2O(生成物)

电池的I-U特性

放　热

电阻损失
（变为热）

电压
/V

可获得的电能

※越是低温，催化剂的作用越发重要

→ 电流/A

※HHV=生成物水以液体存在的情况。　LHV=生成物水以气体存在的情况。

热机效率与燃料电池的理论效率、综合效率的比较

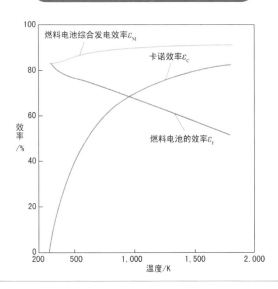

燃料电池综合发电效率ε_M

卡诺效率ε_C

燃料电池的效率ε_F

效率
/%

温度/K

5.3.3　实例一——碱型燃料电池

碱型燃料电池（AFC）是发展最快的一种电池，主要为航天领域应用，包括向航天飞机提供动力和饮用水。AFC 是燃料电池中生产成本最低的，因此可用于小型的固定发电装置。碱性燃料电池是以强碱为电解质，氢为燃料，氧为氧化剂的燃料电池，催化剂是镍、银系。在阳极，氢气与碱中的 OH^- 在电催化剂作用下，发生氧化反应生成水和电子：

$$H_2+2OH^- \longrightarrow 2H_2O+2e \tag{5-1}$$

氢电极反应生成的电子通过外电路到达阴极，在阴极电催化剂的作用下，参与氧的还原反应：

$$1/2\,O_2+H_2O+2e \longrightarrow 2OH^- \tag{5-2}$$

为保持电池连续工作，除需与电池消耗氢气、氧气等速地供应氢气、氧气外，还需连续、等速地从阳极排除电池反应生成的水，以维持电解液浓度的稳定；排除电池反应的废热以维持电池工作温度的稳定。

AFC 的燃料有纯氢（用碳纤维增强铝瓶储存）、储氢合金和金属氢化物。AFC 工作时会产生水和热量，采用蒸发和氢氧化钾的循环实现排除，以保障电池的正常工作。氢氧化钾电解质吸收二氧化碳生成的碳酸钾会堵塞电极的孔隙和通路，所以氧化剂要使用纯氧而不能用空气，同时电池的燃料和电解质也要求高纯化处理。此外，燃料、氧化剂中因混合二氧化碳造成电解液劣化、水热技术的控制、纯氢气燃料利用技术等这些都是目前所需要解决的技术问题。

本节重点

（1）介绍碱型燃料电池的特点。
（2）指出碱型燃料电池所用的电解质、燃料、氧化剂和催化剂。

碱型燃料电池（AFC）的工作原理

e ← ... → e

氢氧根离子
OH⁻

电解质
氢氧化钾
KOH

氢气(H₂)

氧气(O₂)

燃料极

空气极

$H_2+2OH \longrightarrow 2H_2O+2e$

$1/2O_2+H_2O+2e \longrightarrow 2OH^-$

碱型燃料电池单电池结构

电解液出口　集电板　氢气电极　电解液室　隔板　空气入口　单电池框　环形槽　集电板　氢气入口

空气出口　电极接线部　空气电极　氢气出口　电解液入口

单电池

5.3.4 实例二——直接甲醇燃料型和高分子电解质型燃料电池

　　针对便携设备电源开发的，几乎都是直接甲醇燃料型燃料电池。在基本型的基础上，人们进行了两方面的改进：一是燃料方面用氢替代甲醇；二是电解质方面用固体高分子替代碱电解液。改进后的称为高分子电解质型燃料电池（PEFC）。

　　DMFC 是 20 世纪 60 年代开发的。当时，电解质并非固体高分子膜，而是碱电解液。值得注意的是，燃料也不是使用气态的氢，而是使用液态的甲醇。此后经过 30 余年的沉寂，人们于 1993 年成功实现了以固体高分子膜作为电解质的 DMFC发电。当时人们就想到这种采用液体燃料的固体高分子型电池用于汽车的可能性，但随着氢－氧的固体高分子型燃料的技术开发，比之输出功率密度低一个数量级的 DMFC 用于汽车目前看来还不现实。

　　现在的 DMFC 的构造与固体高分子型电池相同。电解质使用固体高分子膜，催化剂和电极从两侧将其相夹构成三明治结构，从燃料级通入甲醇（CH_3OH），从空气极通入氧（O_2）。

　　直接甲醇燃料电池（DMFC）属于质子交换膜燃料电池（PEMFC）中的一类，直接使用甲醇水溶液或蒸气甲醇为燃料供给来源，而不需通过甲醇、汽油及天然气的重整制氢以供发电。甲醇在阳极转换成二氧化碳、质子和电子，如同标准的质子交换膜燃料电池一样，质子透过质子交换膜在阴极与氧反应，电子通过外电路到达阴极，并做功。直接甲醇燃料电池的工作温度在 70～90℃，催化剂是铂系，具备低温快速启动、燃料洁净环保以及电池结构简单等特性。

　　直接甲醇燃料型燃料电池所具备的优势是体积小巧、燃料使用便利、洁净环保、理论能量比高，同时也具有能量转化率低、性能衰减快、成本高的缺点。目前在催化剂、质子交换膜、集成电路等方面存在技术难题。

本节重点

（1）介绍直接甲醇燃料型燃料电池的特点。

（2）指出直接甲醇燃料型燃料电池用电解质、燃料、氧化剂和催化剂。

高分子电解质型燃料电池（PEFC）的工作原理

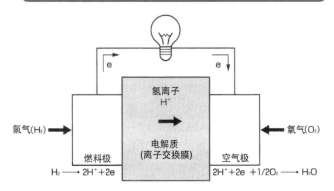

氢气(H_2)　燃料极　　$H_2 \longrightarrow 2H^+ + 2e$

氢离子 H^+

电解质（离子交换膜）

氧气(O_2)　空气极　　$2H^+ + 2e + 1/2O_2 \longrightarrow H_2O$

高分子电解质型燃料电池（PEFC）的发电原理

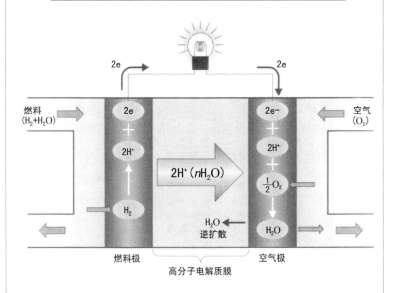

燃料（$H_2 + H_2O$）　　空气（O_2）

$2e$　　$2e$

$2e$　　$2e^-$

$2H^+$　　$2H^+$

H_2　　$\frac{1}{2}O_2$

$2H^+(nH_2O)$

H_2O 逆扩散　　H_2O

燃料极　　空气极

高分子电解质膜

燃料极：$H_2 \longrightarrow 2H^+ + 2e$

空气极：$\frac{1}{2}O_2 + 2H^+ + e \longrightarrow H_2O$

全反应：$H_2 + \frac{1}{2}O_2 \longrightarrow H_2O$

5.4 燃料电池的种类
5.4.1 燃料电池分类方法及一般构造

　　燃料电池（fuel cell）是一种将存在于燃料与氧化剂中的化学能直接转化为电能的发电装置。原则上只要外部不断供给化学原料，正、负极分别供给氧和氢（通过天然气、煤气、甲醇、汽油等化石燃料的重整制取），燃料电池就可以不间断地工作，将化学能转变为电能，因此燃料电池又叫"连续电池"。

　　燃料电池的特点主要有：①能量转化效率高。目前燃料电池系统的燃料 - 电能转换效率在 45% ~ 60%，而火力发电和核电的效率大约在 30% ~ 40%；②有害气体 SO_x、NO_x 排放及噪声都很低；CO_2 排放因能量转换效率高而大幅度降低，无机械振动；③燃料适用范围广；④"积木化"强，规模及安装地点灵活，燃料电池电站占地面积小，建设周期短，电站功率可根据需要由电池堆组装，十分方便；⑤负荷响应快，运行质量高。

　　燃料电池的分类方法见上图，按其工作温度可以分成三类：常温燃料电池（从室温到100℃）、中温燃料电池（一般在300℃左右）、高温燃料电池（500℃以上）；按其使用的电解液分成五类：碱型燃料电池、硫酸型燃料电池、熔融碳酸盐型燃料电池、高温固体电解质型燃料电池、高分子电解质型燃料电池。

　　在低温型电池中就有固体高分子电解型燃料电池，其电解质是离子交换膜，离子导电是靠氢离子，工作温度在 80 ~ 100(120)℃，所用的燃料是氢气，发电效率一般在 30% ~ 40%，主要是便携用、家庭用、小型业务用、汽车用，而构成材料的高性能化、长寿命化、单体电池构成技术、大型化以及温度及水分管理还有铂使用量的减低等都是目前存在的和有待开发的课题。

　　而对于应用较多的磷酸型燃料电池来说，它的电解质是磷酸，导电离子是氢离子，可以在较高的温度（190 ~ 200℃）下工作，可以利用天然气、LPG、甲烷、粗汽油和煤油中的氢气来作为燃料气体，发电效率在 40% ~ 45%，工业用的居多，对于廉价催化剂的开发和发电系统全体的长寿命化、低价格化都是目前需要克服的工业难题。

　　下图分别按燃料电池本体（单元叠装）和单电池（单元）给出燃料电池的构造。

本节重点
（1）依运行温度不同而异的燃料电池
（2）依电解质不同而异的燃料电池
（3）按燃料电池本体和单电池给出燃料电池的结构

燃料电池的分类方法

按工作温度分类

①常温燃料电池（从室温到 100℃）

②中温燃料电池（一般在 300℃左右）

③高温燃料电池（500℃以上）

按使用的电解液分类

①碱型燃料电池（AFC）

②磷酸型燃料电池（PAFC）

③熔融碳酸盐型燃料电池（MCFC）

④高温固体电解质型燃料电池（SOFC）

⑤高分子电解质型燃料电池（PEFC）

燃料电池的一般构造

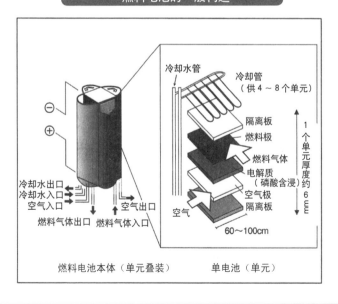

5.4.2 电解质与燃料电池的种类

　　燃料电池中有各种各样的种类，一般按反应温度及电解质的种类进行分类。表中列出目前已实用化的或者正在开发中的各种燃料电池及其特征。分为反应温度 300℃ 以下的低温型以及以上的高温型。前者包括固体高分子型（PEFC）、碱型（AFC）及磷酸型（PAFC），后者包括熔融碳酸盐型（MCFC）及固体氧化物型（SOFC）。低温型燃料电池中为了增加反应性，需要采用铂等贵金属催化剂，高温型即使不采用贵金属催化剂也可发生电极反应。

　　AFC 的电解质采用氢氧化钾。若燃料中含有二氧化碳，则二氧化碳与氢氧化钾发生反应，会使电解质劣化。为此，燃料中要采用纯氢，氧化剂采用纯氧，因此仅限于航天用及潜艇用特殊用途。

　　PEFC 中电解质中采用质子传导性的高分子膜。燃料中一旦含有一氧化碳，会使催化剂中毒。因此，需要将燃料中的一氧化碳含量抑制在极低的水平。

　　PAFC 中电解质采用浓磷酸。运行温度大约为 200℃，因此排热通过输出热水及冷暖房等的换热器加以利用。这种燃料电池是最早进行开发的燃料电池。

　　MCFC 中电解质采用熔融碳酸盐。这种碳酸盐为固体，因此需要在大约 650℃ 的温度运行，使碳酸盐变为透明液体，使碳酸根离子在其中自由的移动。

　　SOFC 的电解质采用的是具有离子传导性的陶瓷。这种陶瓷在大约 1000℃ 的运行温度下，氧化物离子在其中容易移动。这种燃料电池的运行温度高，因此不需要催化剂。

　　由于 MCFC 和 SOFC 可以利用排出的热量，因此期待获得高的发电效率。

本节重点
（1）分别指出五种燃料电池中所采用的燃料。
（2）分别指出五种燃料电池中的电解质。
（3）分别指出五种燃料电池中的电荷载体。

各种燃料电池

燃料电池的种类	低 温 型			高 温 型	
	高分子电解质型 (PEFC)	磷酸型 (PAFC)	碱型 (AFC)	熔融碳酸盐型 (MCFC)	高温固体电解质型 (SOFC)
燃 料	氢气 甲醇 天然气	氢气 甲醇 天然气	纯氢气	天然气, 甲醇、粗汽油、煤炭气化气	天然气, 甲醇、粗汽油、煤炭气化气
工作温度/℃	室温至120	190~200	室温至260	600~700	900~1000
电解质	离子交换膜	高浓度磷酸	高浓度氢氧化钾	锂·钾碳酸盐	二氧化锆系陶瓷 (固体氧化物)
电荷载体	氢离子	氢离子	氢氧化物离子	碳酸离子	氧化物离子
排热利用	温水	温水、蒸气	温水、蒸气	蒸气涡轮 燃气轮机	蒸气涡轮 燃气轮机
特征	低温运行、高能量密度、移动用动力源	将排热用于加热水及冷暖房已达商业化阶段	低温运行	高发电效率, 排热可用于复合发电系统, 燃料可进行内部改性	高发电效率, 排热可用于复合发电系统, 燃料可进行内部改性

书角茶桌
享受更多蓝天，清洁能源要领跑

所谓清洁能源可分为狭义和广义两种概念。狭义的清洁能源是指可再生能源，如水能、生物能、太阳能、风能、地热能和海洋能。这些能源消耗之后可以恢复补充，很少产生污染。广义的清洁能源包括在能源的生产及其消费过程中，对生态环境低污染或无污染的能源，如天然气、清洁煤和核能等。

2017年我国清洁能源发电量同比增加10%，增速高于火电4.8个百分点；其中，水电、核电、风电、太阳能发电量同比分别增长1.7%、16.5%、26.3%和75.4%。我国正在成为全球能源转型的"引擎"。

根据《世界能源展望》2017年版报告，中国成为最近16年来全球能源消费增长最快的市场。这份报告显示，中国走在绿色能源发展的前列，占可再生能源市场40%的份额，超过了作为清洁能源主要生产国的美国。此外，中国生产了全球66%的太阳能、50%的风能，更是水电生产无可争议的领先者。

中国石油经济技术研究院最新发布的《2050年世界与中国能源展望》指出，中国一次能源消费结构呈现清洁、低碳化特征，2030年前天然气和非化石能源等清洁能源将成为新增能源主体。这份报告预计，中国的天然气和非化石能源将在2030年后逐步替代煤炭，并在2045年前后占比超过50%。

气候变化是人类共同关心的问题，事关人类的未来，2015年底通过的《巴黎协定》指出，全球将尽快实现温室气体排放达峰值，本世纪下半叶实现温室气体净零排放。

毫无疑问，随着能源革命向纵深发展，清洁能源将得到大规模应用，中国不仅将成为全球能源转型的引领者，未来还将为应对气候变化和人类发展做出自己的贡献。

第 6 章

常用燃料电池的原理与结构

书角茶桌

清洁能源，越走越近

6.1 磷酸型燃料电池（PAFC）
6.1.1 磷酸型燃料电池的工作原理

磷酸型燃料电池（PAFC）是进入商用化阶段的燃料电池。PAFC 在燃料级，氢变为氢离子和电子；在空气极，氧与氢离子及由外电路移动而来的电子发生反应生成水。正是利用外电路的电子流而获得电能。

磷酸型燃料电池以磷酸为电解质，磷酸在水溶液中易解离出氢离子（$H_3PO_4 \longrightarrow H^+ + H_2PO_4^-$），并将阳极（燃料极）反应中生成的氢离子传输至阴极（空气极）。

在阳极，燃料气中的氢气在电极表面反应生成氢离子并释放出电子，其电极反应式为：

$$H_2 \longrightarrow 2H^+ + 2e$$

在阴极，经电解质传输的氢离子及经负载电路流入的电子与外部供给的氧气反应生成水，其电极反应式为：

$$1/2\ O_2 + 2H^+ + 2e \longrightarrow H_2O$$

PAFC 总反应式为：

$$1/2\ O_2 + 2H_2 \longrightarrow H_2O$$

由于阳阴两极的电化学反应产生电子流动从而产生了电能，为了有效的完成上述反应，PAFC 的电极必须有高活性、长寿命的电催化特性，还应有良好的多孔扩散功能，使电极能维持稳定的三相反应界面。

（1）电解质为浓磷酸溶液。
（2）介绍 PAFC 发电系统的基本构成。
（3）介绍磷酸型燃料电池两个电极上的反应。

PAFC 的原理图和两个电极上发生的反应

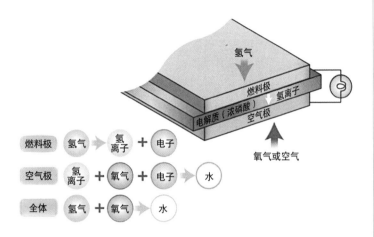

PAFC 发电系统的基本构成

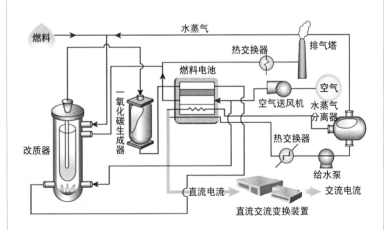

6.1.2 已实现长寿命的磷酸型燃料电池

　　磷酸型燃料电池（PAFC）相比熔融碳酸盐型及固体氧化物型，前者的工作温度要低大约 200℃，因此在阳极（燃料极）和阴极（空气极）中，通常是在多孔炭材料上通过铂催化剂与 PTFE（氟）树脂相结合形成催化剂层。而且，在电解质中，通过采用 SiC 粒子等电解质保持材，可以保证浸入 95% ～ 100% 的磷酸。因此，随着运行时间延长，由于铂催化剂的烧结作用（导致颗粒粗大化）及磷酸的逸散，造成性能劣化。作为电池寿命的一个指标，在工地（现场）使用为 4 万小时，对于磷酸型燃料电池来说，大多数机型都可以达到这一目标，但对于其他类型的燃料电池来说，长寿命化仍然是有待解决的问题。

　　磷酸型燃料电池中分常压型和加压型，加压型采用将堆叠的电池单元（电池组）收纳于加压罐中。加压型电池的电压高，可以获得更大的电流密度，但为了对空气和燃料加压，需要空压机，特别是阴极和阳极的极间压差的控制十分复杂，这些是缺点。要求高发电效率的公共事业用途多采用加压型，而面向小型工地（现场）用的系统，多采用可实现简易化和低价格的常压型。

　　在磷酸型燃料电池中，为在两电极（多孔炭素板）间保持电解质，需要插入隔离板（致密炭素板），采用积层结构，依输出功率大小确定层数。电池在发出电力的同时会发热，这种热量需要从电池排出，为保证一定温度下的电池反应，在几个电池单元之间要插入冷却板。冷却板有空冷式和水冷式两种，实际上，从系统简约化和发生的水蒸气可有效利用的角度，以水冷式为主流。通过水蒸气分离器回收、分离的蒸汽，可用于重整反应及吸收式冷温水机的热源，可以有效利用。

本节重点

（1）影响磷酸型燃料电池寿命的因素有哪些？
（2）容易控制的常压式燃料电池
（3）系统可以简约化的水冷式燃料电池

磷酸型燃料电池

燃料极（正极）导入氢气,空气极（负极）导入氧气，藉由电化学反应来发电，依电力输出的大小将必要的单电池蓄积在一起而使用。

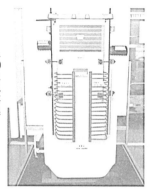

单电池的结构

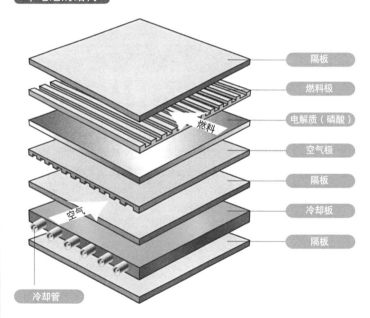

隔板

燃料极

电解质（磷酸）

空气极

隔板

冷却板

隔板

燃料

空气

冷却管

6.1.3 磷酸型燃料电池的改进

　　PAFC 的单电池外形为正方形层状结构，边长为 70～100cm，厚度约为 5mm，它包括电极支持层、电极（燃料极与空气极）、双极板（隔板）、介于两电极之间富浓磷酸的电解质层。电极支持层与电极保持一定的孔隙率以及足够的透气性。电极催化剂层由铂及其合金载体组成，铂负载量约为 0.2～0.75mg/cm²。电极与隔板必须具有良好的电导性、耐腐蚀性和较长的寿命。根据电极与隔板的结构形式，PAFC 单电池分为槽型电极型与槽型隔板型两类。为提高电池的工作电压，获得高功率 PAFC 发电装置，必须将单电池层层叠加串联成 PAFC 电池堆。PAFC 电池堆包括电极（燃料极与空气极）、含磷酸电解质层、双极（隔板）、冷却板、各种类型物料管及其他辅助元件等部件。在 PAFC 电池堆中，每隔 5～7 个单电池设置一块冷却板。通常，单个 PAFC 电池堆的输出功率为 50～800kW。对于大功率的 PAFC 电站系统，则由数个电池堆串联而成。

　　PAFC 电池组结构的改进方面，包括改进 PAFC 电池组的结构、开发空气与燃料气体的配管布置、使 PAFC 电池组高度集成化等，可以有效地减少电池组质量与体积，提高电池组的能量密度。PAFC 电池组中隔板形式的选择、冷却板布置均对电池性能有影响。开发高性能的冷却板、改善冷却板的热传导特性、使冷却板材料均一化可以提高电池组效果、减少冷却板数目，提高构成 PAFC 电池组材料的导热性与耐腐蚀性。辅助设备有燃料转换器、热交换器、逆变器和系统控制器，这些辅助设备的改进与简化有利于提高电站系统运行的性能和减少电站设备投资与占地面积。

磷酸型燃料电池 PC18 的构件配置图

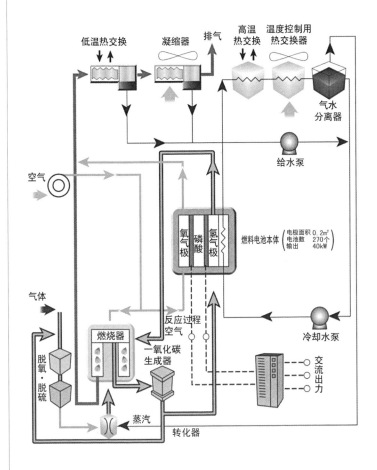

6.2　熔融碳酸盐型燃料电池（MCFC）
6.2.1　熔融碳酸盐型燃料电池的工作原理

熔融碳酸盐燃料电池（MCFC）通常被称为第二代燃料电池，因为预期它将继磷酸型燃料电池之后进入商业化阶段。MCFC 的工作温度为 600 ～ 650℃，因而与低温燃料电池相比，有几个潜在优势。首先，在 MCFC 的工作温度下，燃料的重整，如天然气重整，能在电池堆内部进行，既降低了系统成本，又提高了效率；其次，电池反应的高温余热可用于工业加工或锅炉循环；最后，几乎所有燃料重整都产生 CO，它可使低温燃料电池电极催化剂中毒，但却可成为 MCFC 的燃料。MCFC 的缺点是在其工作温度下，电解质的腐蚀性高，阴极需不断供应 CO_2。

MCFC 的电解质通常是将锂钾或锂钠的熔融二元碱金属碳酸盐掺到 $LiAlO_2$ 陶瓷基体中制得，在 600 ～ 700℃ 的高温下对离子具有良好的传导性。不像其他的燃料电池，MCFC 需要同时向阴极供应 CO_2 和 O_2，由此转变成离子，并由它来提供阴阳极间的离子转变，在阳极重新转变成 CO_2，1mol 的 CO_2 转变产生 2mol 的电子。MCFC 中的电化学反应为：

阳极反应：$H_2 + CO_3^{2-} \longrightarrow H_2O + CO_2 + 2e$

阴极反应：$\dfrac{1}{2}O_2 + CO_2 + 2e \longrightarrow CO_3^{2-}$

电池反应：$H_2 + \dfrac{1}{2}O_2 + CO_2(c) \longrightarrow H_2O + CO_2(a)$

反应式中 c、a 分别表示阴、阳极。CO 不直接参与电极反应，但通过水气置换反应生成 H_2。除了 H_2 和 O_2 反应生成 H_2O，电池反应还显示了 CO_2 从阴极向阳极的转移。

本节重点
（1）电解质为熔融碳酸盐。
（2）作为燃料也可以利用一氧化碳。

MCFC 的原理

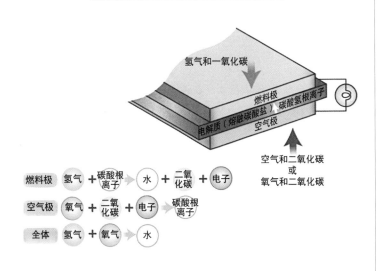

燃料极	氢气 + 碳酸根离子 → 水 + 二氧化碳 + 电子
空气极	氧气 + 二氧化碳 + 电子 → 碳酸根离子
全体	氢气 + 氧气 → 水

MCFC 发电系统的基本构成

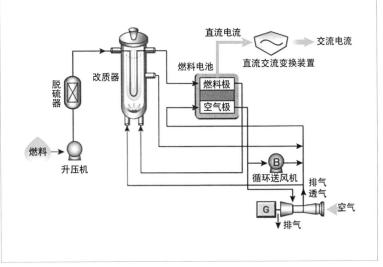

6.2.2 单电池的构成和发电原理

MCFC 单电池由燃料极（阳极，Ni 的多孔体）、空气极（阴极，NiO 的多孔体）和两电极板之间的电解质（一般是浸入锂和钾的混合碳酸盐的 $LiAlO_2$ 多孔性陶瓷板）组成。典型的电解质组成是 $62\%Li_2CO_3 + 38\%K_2CO_3$。电解质中的离子半导体是碳酸根（$CO_3^{2-}$）。MCFC 的工作温度约为 650℃，一般碳酸盐的熔点在 500℃ 左右，在 650℃ 时已成为液体。由于高温工作，氢与氧的活性提高，很容易发生电化学反应。因此，MCFC 可以不用贵金属作为催化剂，而直接以雷尼镍和氧化镍来催化，这也避开了铂催化剂的一氧化碳中毒问题，可以用一氧化碳作为 MCFC 的燃料。但也由于其工作温度高，使用的碳酸盐电解质具有强烈的腐蚀性，MCFC 电池的各种材料易被腐蚀，这也影响了 MCFC 的使用寿命。

MCFC 中的电化学反应在气－液（电解质）－固三相界面进行。MCFC 依靠多孔电极内毛细管力的平衡来建立稳态的三相界面。在阳极，H_2 与电解质中的碳酸根离子反应生成 CO_2 和 H_2O，同时将电子送到外电路。在阴极，空气中的 O_2 和 CO_2 与外电路送来的电子结合生成碳酸根离子。为保持电解质成分不变，将阳极生成的 CO_2 供给阴极，实现循环。

本节重点

（1）叙述 MCFC 的工作原理和两个电极上的反应。
（2）介绍 MCFC 的单电池结构和发电系统的基本构成。

熔融碳酸盐型燃料电池的工作原理

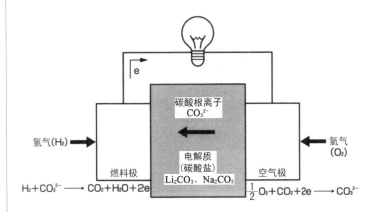

氢气(H_2)

氧气(O_2)

碳酸根离子
CO_3^{2-}

电解质
（碳酸盐）
Li_2CO_3、Na_2CO_3

燃料极

空气极

$H_2 + CO_3^{2-} \longrightarrow CO_2 + H_2O + 2e$

$\frac{1}{2}O_2 + CO_2 + 2e \longrightarrow CO_3^{2-}$

单电池（cell）的构成和发电原理

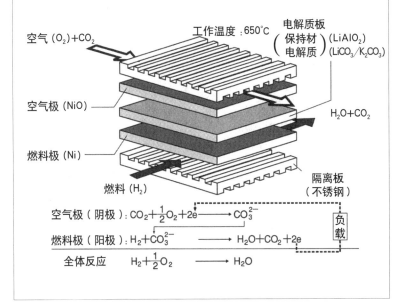

空气 (O_2)$+CO_2$

工作温度：$650^{\circ}C$

$\left(\begin{array}{l}\text{电解质板} \\ \text{保持材}\text{（LiAlO}_2\text{）} \\ \text{电解质}\text{（LiCO}_3\text{/K}_2\text{CO}_3\text{）}\end{array}\right)$

空气极（NiO）

$H_2O + CO_2$

燃料极（Ni）

隔离板
（不锈钢）

燃料（H_2）

空气极（阴极）：$CO_2 + \frac{1}{2}O_2 + 2e \longrightarrow CO_3^{2-}$

燃料极（阳极）：$H_2 + CO_3^{2-} \longrightarrow H_2O + CO_2 + 2e$

负载

全体反应　　$H_2 + \frac{1}{2}O_2 \longrightarrow H_2O$

6.2.3 MCFC 燃料电池的构成材料

燃料电池的主要构件——燃料极、空气极、电解质板、隔离板等，在高效率发挥作用的同时，必须保持长时间的性能稳定，包括在一定的要求范围内不变形、不劣化、不失效等。对不同构件的要求分述如下表。

①燃料极　起着保证燃料极反应平稳顺畅进行的作用。对于燃料极材料来说，以前多使用铂、钯、银等，现在使用更多的是以镍为主成分，添加铝、铬等的燃料极材料。后者能抑制由于烧结作用（在高温等作用下，粒子间发生结合而固结的现象）及蠕变变形（高温下在低应力下发生的变形）使微细结构发生变化而导致的效率低下。

②空气极　起着保证空气极反应平稳顺畅进行的作用。与燃料极的作用相似，所不同的是，空气极在氧化环境（氧存在的环境）下使用。

因此，空气极中都使用氧化物。以前也使用氧化银等，现在大都使用掺杂（组合）锂的氧化镍。

③基体和电解质　为保持电解质，基体材料必不可少。电解质板由碳酸盐电解质和保持电解质的多孔基体构成，配置于燃料极和空气极之间。

在作为与电极反应相关的碳酸根离子移动（离子电导）载体的同时，起着隔离燃料极室和空气极室的作用，作为防止燃料气体与氧气交混（交叉混合）的隔膜而起作用。

以前，作为基体材料也使用氧化镁（MgO）等，现在都使用铝酸锂（$LiAlO_2$）。

作为渗入基体中的电解质，1970 年以前使用碳酸钠－碳酸钾、碳酸锂－碳酸钠、碳酸锂－碳酸钠－碳酸钾，1970 年以后主要使用碳酸锂－碳酸钾。现在也在试验使用碳酸锂－碳酸钠。

④隔离板　对于单电池来说，需要使用与电极同时构成电极室的端板（单电池外部的支撑板，设置在端部位置），在将多个单电池集合在一起的堆叠体中，在构筑电极室的同时，为了实现相邻单电池的电气连接，也需要配置隔离板。隔离板也起着隔离相邻单电池的燃料极和空气极的气体分离膜的作用。

图中给出内部改性型燃料电池的构造和特性。

本节重点
(1) MCFC 燃料电池的燃料极和空气极起什么作用，分别采用何种材料？
(2) MCFC 燃料电池采用何种电解质，电解质如何保持？
(3) MCFC 燃料电池的隔离板起何种作用，采用什么材料？

对 MCFC 燃料电池主要构件要求的事项和性能

主要构件	要求的事项和性能
燃料极 Ni-Cr、Ni-Al 厚度 0.8mm、气孔率 70%、平均孔径 5μm	· 对燃料气体及其所生成的水蒸气、二氧化碳等气体有 　良好的耐性 · 对还原气氛下的碳酸盐具有耐蚀性 · 耐烧结性、耐蠕变性 · 高的电子导电性 · 高的电极活化性能 · 大的反应面积 · 切实的电解质保持能力
空气极 NiO 厚度 0.4mm、气孔率 60%、平均孔径 7μm	· 对氧化剂气体（氧和二氧化碳）具有良好耐性 · 对氧化气氛下的碳酸盐具有耐蚀性 · 耐蠕变性 · 高的电子导电性 · 大的反应面积 · 切实的电解质保持能力
电解质板 基 体 γ-LiAlO₂+ 62% Li₂CO₃- 38% K₂CO₃ 厚度 0.5～1mm 碳酸盐 65%(体积)	· 热稳定性 · 对碳酸盐的耐蚀性 · 对伴随 MCFC 的运转、停止而引发的热循环有足够耐性 · 形状稳定性 · 高的电解质保持能力
电解质	· 热稳定性 · 与其他构成材料的反应性低 · 低蒸气压 · 高的离子导电性 · 对空气极反应活性物（O²⁻ 等）的溶解度高
隔离板 SUS316/Ni、SUS310/ Ni 厚度 1.5mm	· 对于还原性气氛、氧化性气氛气体具有耐蚀性 · 对处于还原性气氛、氧化性气氛的碳酸盐具有耐蚀性 · 高的电子导电性（也含块体、表面腐蚀生成物）

内部重整型燃料电池的构造和特性

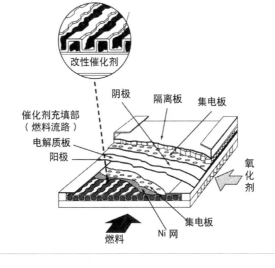

6.2.4 MCFC 燃料电池长寿命化的措施

（1）长寿命化和低价格化的必要条件

为使熔融碳酸盐型燃料电池（MCFC）达到实用化，在降低价格、提高输出功率密度的同时，还需要确保长寿命化、高可靠性。

以前，作为面向长寿命化的措施，电极面积100cm^2（实验室规模属于大型）的单电池经过长时间（4万小时）运转。对该单电池运转后进行解体发现，金属构件发生了腐蚀，多孔基体（电解质板）内有镍的析出，部分基体内发生颗粒长大乃至粗化等。

由这些结果可以看出，源于空气极镍的腐蚀、析出，基体颗粒长大引起的基体粗孔化等都会造成电解质损失，这是限制寿命的主要原因。

（2）电压下降的原因及其解决对策

图中给出 MCFC 燃料电池的劣化原因与性能退化的关系，该图从右向左，从上向下看。空气极的溶出导致内部短路，致使开路电压下降；与此同时，还会导致电极的微细结构变化，致使反应电阻增加，从而造成电池性能退化。构件的变形导致接触电阻的变化，致使内部电阻增加，从而造成电池性能退化。电解质的蒸发、基体的劣化、电解质对其他材料的腐蚀，导致电解质损失，致使电解质板内的电解质减少，再加上腐蚀生成物的影响，导致内部电阻增加，从而造成电池性能退化。而且，电解质板内电解质减少会造成电极的电解质填充率发生变化，致使反应电阻增加，从而造成电池性能退化。

表中列出 MCFC 燃料电池长寿命化的主要课题及其对策。课题按空气极溶出、金属材料腐蚀、电解质基体的劣化、电解质蒸发分别列出。表中同时给出这些课题的产生原因及对策等。

（1）说明 MCFC 的劣化原因。
（2）MCFC 的劣化原因与其性能退化有何关系？
（3）了解 MCFC 长寿命化的主要课题及其对策。

MCFC 燃料电池的劣化原因与性能退化的关系

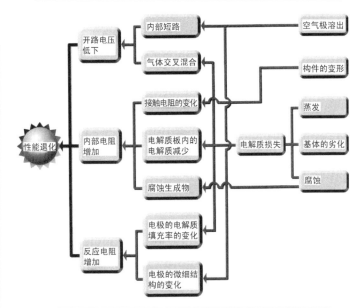

MCFC 燃料电池长寿命化的主要课题及对策

课题	原因	对策
空气极溶出	空气极的氧化镍，因反应而生成金属镍，并在电解质内析出，进而引起燃料电池单元的内部短路，从而造成性能低下	· 为使氧化镍的溶解度降低，采取改变电解质的组成，优化运行条件等 · 加大电解质板的厚度可以延迟短路发生 · 采用 $LiCoO_2$、$LiFeO_2$ 等作为替代氧化镍的材料
金属材料腐蚀	隔板材料与电解质相接触的部分等，由于发生腐蚀，而造成电解质损失，从而使内部电阻增加	· 使用耐腐蚀性材料 · 改变电解质的组成 · 降低金属材料与电解质的接触面积等
电解质基体的劣化	当进行 2 万小时以上时，由于基体发生粗孔化，造成毛细管变小，导致电解质的保持能力变差。也会引起电阻增加，气体交叉混合等	· 使用不容易发生颗粒长大的粒子等
电解质蒸发	碳酸盐的加水分解而产生的氢氧化物蒸气向电池单元外部输出，而导致内部电阻、外部电阻增加	· 选择蒸发少的电解质组成等

6.2.5 熔融碳酸盐型燃料电池的重整方式

当以烃类（如天然气）为 MCFC 的燃料时，烃类经重整反应被转化为 H_2 与 CO，MCFC 的重整方式分为外部重整、间接内部重整和内部重整。外部重整在电池的外部有对烃类进行重整的催化装置，燃料 CH_4 和 H_2O 在外部进行重整之后将得到的 H_2 和 CO，再将产物送入 MCFC。采用外部重整时因重整反应为吸热反应，只能通过各种形式的热交换或利用 MCFC 的尾气燃烧达到 MCFC 余热的综合利用，重整反应与 MCFC 电池的耦合很小。间接内部重整即将重整反应器置于 MCFC 电池组内，在每节 MCFC 单电池的阳极侧加上烃类重整反应器。这种重整方式可以做到电池余热与重整反应的紧密耦合，减少电池的排热负荷，但是间接内部重整同时也会将电池的构造复杂化，给生产制造带来一定程度上的不便。内部重整即重整反应在 MCFC 单电池的阳极室内进行，改性催化剂直接分布在阳极室内部，采用这种方式不仅可以做到 MCFC 余热与重整反应的紧密耦合，减少电池的排热负荷，而且还因为内部重整反应生成的 H_2 和 CO 立即在阳极进行电化学氧化，导致烃类转化率的提高。但是由于重整反应的催化剂置于阳极室，会受到 MCFC 电解质的蒸气的影响，引起催化剂活性的衰减。因此，必须研制抗碳酸盐盐雾的重整催化剂。

单独的燃料电池本体还不能工作，必须有一套包括燃料预处理系统、电能转换系统（包括电性能控制系统及安全装置）、热量管理与回收系统等辅助系统。靠这些辅助系统，燃料电池本体才能得到所需的燃料和氧化剂，并不断排出燃料电池反应所生成的水和热，安全持续的供电。

本节重点

MCFC 的重整方式。

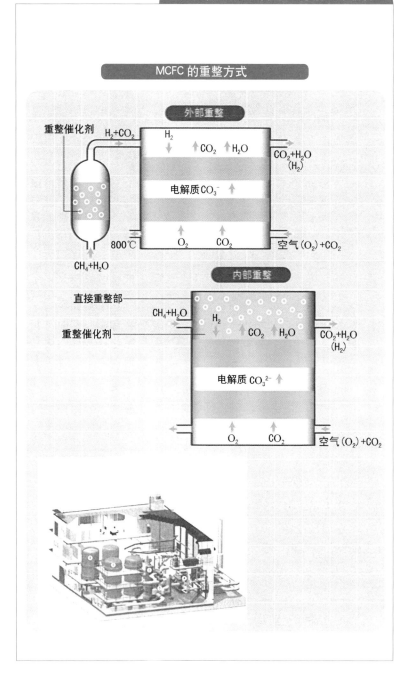

MCFC 的重整方式

外部重整

重整催化剂　H_2+CO_2　H_2　CO_2　H_2O　CO_2+H_2O　(H_2)

电解质 CO_3^-

$800°C$　O_2　CO_2　空气$(O_2)+CO_2$

CH_4+H_2O

内部重整

直接重整部

CH_4+H_2O　H_2　CO_2　H_2O　CO_2+H_2O　(H_2)

重整催化剂

电解质 CO_3^{2-}

O_2　CO_2　空气$(O_2)+CO_2$

6.3 高温固体电解质型燃料电池（SOFC）
6.3.1 高温固体电解质型燃料电池的工作原理

高温固体电解质型燃料电池（SOFC）中所用的电解质，是在二氧化锆陶瓷中添加少量三氧化二钇的稳定氧化锆（YSZ）。由于氧化锆中添加了氧化钇，氧化物离子传导性增加，而体积并不发生变化（称之为稳定化）。这种电解质在处于 1000℃ 左右的高温时，氧化物离子在固体中很容易移动。

两个电极都要采用具有良好透气性的多孔材料。燃料极使用与电解质 YSZ 的热膨胀系数相差小的金属镍与氧化锆的混合物，空气极采用电子传导性好、在高温下稳定的镧锶锰矿或镧锶辉砷钴矿。由于 SOFC 的运行温度高，因此不需要催化剂。而且，燃料除了天然气、甲醇、粗汽油之外，含有一氧化碳的煤气也可以使用，可以说各种各样的燃料均可。SOFC 和 MCFC 同样，由于运行温度高，因此排热便可利用，且电池构成材料为全固体型，不仅构造简约且可期待高于 50% 的发电效率。

燃料电池工作时，需要不间断地向电池内输入燃料和氧化剂，并同时排出反应产物。燃料电池在运行过程中，在阳极和阴极分别送入还原、氧化气体后，氧气（空气）在多孔的阴极上发生还原反应，生成氧负离子（O^{2-}）：

$$O_2(g) + 4e \longrightarrow 2O^{2-}$$

对于氧离子导体电解质，在电极两侧氧浓度差的驱动力的作用下，电解质中的氧离子（O^{2-}）迁移到阳极上与阳极燃料反应，生成 H_2O 和 CO_2。

燃料为 H_2 时：$H_2 + O^{2-} \longrightarrow H_2O + 2e$

燃料为 CO 时：$CO + O^{2-} \longrightarrow CO_2 + 2e$

燃料为 C_nH_{2n+2} 时：

$$C_nH_{2n+2} + (3n+1)O^{2-} \longrightarrow nCO_2 + (n+1)H_2O + (6n+2)\,e$$

阳极反应失去的电子通过外电路负载输出电能而流回到阴极，这样化学能变化就能转变成电能。

本节重点
(1) 电荷载体为氧化物离子。
(2) 运行温度为 1000℃ 上下。

SOFC 的原理

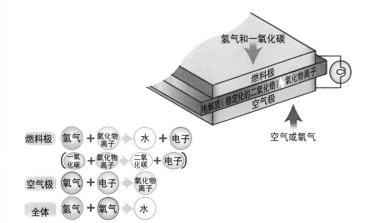

SOFC 的发电系统的基本构成

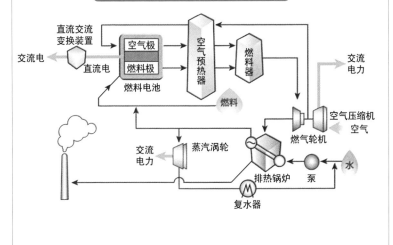

6.3.2 高温固体电解质型燃料电池
的单电池（cell）构造

单体 SOFC 主要由电解质、阳极或燃料极、阴极或空气极和连接体或双分离器组成，电解质是电池的核心，电解质性能直接决定电池工作温度和性能。目前大量应用于 SOFC 的电解质是 YSZ，阳极材料是 Ni 粉弥散在 YSZ 中的金属陶瓷，$La_xSr_{1-x}MnO_3$ 是首选的阴极材料，钙钛矿结构的铬酸镧（$LaCrO_3$）常用作基体材料。固体氧化物燃料电池的关键技术之一就是 SOFC 的结构设计。对于结构性能，要求紧凑，且紧密性相当高，电池组必须具有足够的机械强度，成本和使用价格要求适中。

当前 SOFC 的结构设计主要有管状 SOFC、平板状 SOFC、整体式 SOFC 和分段式 SOFC 等，其主要区别在于电池内部功耗损失程度，燃料通道和氧化剂通道之间的密封形式，电池组中单电池之间的电路连接方式。从实用性来说，SOFC 单元结构的组件形式主要采用管状设计和平板设计。

平板型 SOFC 近几年才引起了人们的关注，这种几何形状的简单设计使其制作工艺大为简化。平板式设计的 SOFC 的电池组几乎都是薄的平板，阳极、电解质、阴极的薄膜组成电池单体，两边带槽的连接体连接相邻阴极和阳极，并在两侧提供气体通道，同时隔开两种气体。电池通常采用陶瓷加工技术如涂浆、丝网印刷、等离子喷涂再经烧结制作。平板式结构 SOFC 电池堆中，电池串联连接，电流依次流过各膜层，电流流程短，内阻欧姆损失小，电池能量密度高；结构灵活，气体流通方式多；组元分开制备，制造工艺简单，造价低；所有的电池组件都可以分别制备，电池质量容易控制；电解质薄膜化，可以降低工作温度（700～800℃），从而可采用金属连接体。

本节重点
(1) 叙述 SOFC 的工作原理和两个电极上的反应。
(2) 介绍 SOFC 的单电池结构和发电系统的基本构成。
(3) 了解 SOFC 的各种改性方式及效果。

高温固体电解质型燃料电池的单电池结构

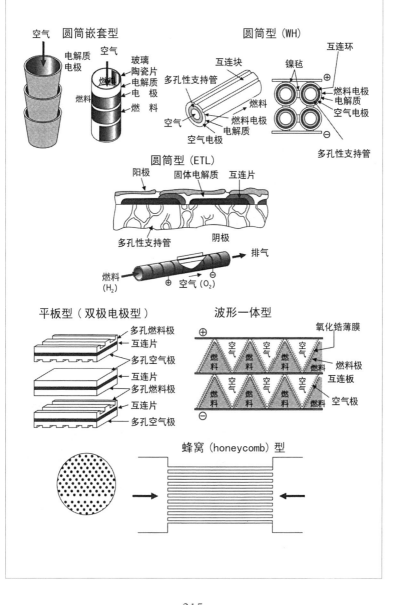

空气　圆筒嵌套型
电解质
电极
空气
燃料
玻璃
陶瓷片
电解质
电极
燃料

圆筒型（WH）
互连块
多孔性支持管
燃料
空气
燃料电极
电解质
空气电极
互连环
镍毡
⊕
燃料电极
电解质
空气电极
⊖
多孔性支持管

圆筒型（ETL）
阳极　固体电解质　互连片
多孔性支持管　阴极
燃料 (H$_2$)　⊕　空气 (O$_2$)　⊖　排气

平板型（双极电极型）
多孔燃料极
互连片
多孔空气极
互连片
多孔燃料极
互连片
多孔空气极

波形一体型
⊕
空气　空气　空气
燃料　燃料　燃料　燃料
空气　空气　空气
燃料　燃料　燃料　燃料
⊖
氧化锆薄膜
燃料极
互连板
空气极

蜂窝（honeycomb）型

6.3.3 目标为大规模发电和小型电源的
固体氧化物型燃料电池

　　固体氧化物型燃料电池（SOFC）与其他类型的燃料电池相比，工作温度处于 900 ~ 1000℃的高温，基于以下特点，人们一直致力于面向几百千瓦至兆瓦量级火力发电站的开发。① 单体的发电效率达 40% ~ 50%，进一步与燃气轮机及汽轮机等基础循环相组合，可期待达到超过 60% 的发电效率；② 可以使用石油液化气等含 CO 的燃料气体；③由于构成要素是全固体的，电解质不会蒸发、流出、泄漏，不会出现由此而导致的性能低下。

　　SOFC 电池结构有圆筒型和平板型之分，面向大规模电源的是以圆筒型为主。圆筒型结构复杂，价格高，但是具有气体密封性好的优点。自 1995 年起，美国西屋电气公司与东京气体（株式会社）和大阪气体（株式会社）协同，制成 25kW 标配系统开始运转，到 1997 年运转时间达到 13000 小时。而且，在 1999 年，美国进行了 250kW 的加压型与微涡轮相组合系统的验证试验，此后还进行了 1MW 级的汽轮机组合的试验（发电效率达 60% 左右）。

　　尽管平板型的气体密封性很难解决，但制造比较容易，价格也较低，目前国内外厂商大都以平板型为中心进行研究开发。近年来通过低温化和低价格化的有效结合，家庭用及汽车用的开发日益活跃化。美国德尔斐公司通过采用平板型设计，进行了工作温度 800℃的汽车 APU（辅助电力）用 5kW 平板型 SOFC 的开发。另外，日本东京气体（株式会社）成功进行了可利用都市气体的平板型 1kW 平板型 SOFC 的开发。人们期待面向实用化的，气体密封性、热循环性优良且低温化的装置不久即可进入普通家庭。

本节重点
（1）固体氧化物型燃料电池的开发目标有哪些？
（2）圆筒型 SOFC 的优点和难点有哪些？
（3）平板型 SOFC 的优点和难点有哪些？

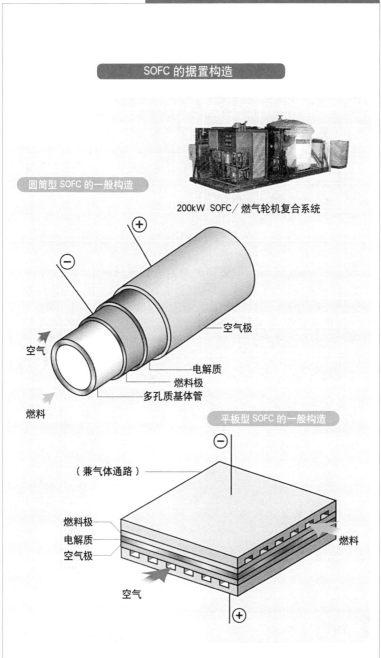

SOFC 的据置构造

圆筒型 SOFC 的一般构造

200kW　SOFC／燃气轮机复合系统

空气极

电解质

燃料极

多孔质基体管

空气

燃料

平板型 SOFC 的一般构造

（兼气体通路）

燃料极

电解质

空气极

燃料

空气

6.3.4 高温固体电解质型燃料电池的特性

　　SOFC 适用于大型发电厂及工业应用。SOFC 的工作温度是所有燃料电池中工作温度最高的。在这样高的温度下，燃料能迅速氧化并达到热力学平衡，可以不使用贵金属催化剂。SOFC 是全固态装置，用氧化物离子导电陶瓷材料作电解质，比其他燃料电池简单之处就在于其只有两相（固相和气相），没有保持三相界面的问题，也没有淹没电极微孔、覆盖催化剂等问题，无须像 PAFC 和 MCFC 那样进行严格的电解质管理。氧化物电解质很稳定，不存在 MCFC 中电解质的损失问题，其组成也不受燃料和氧化气体成分的影响。SOFC 可以承受超载、低载，甚至短路。和 MCFC 一样，SOFC 也是用氢气和一氧化碳气体作为燃料，燃料在电池内重整。由于 SOFC 运行温度高，其耐受硫化物的能力比其他燃料电池至少高两个数量级，因而可以使用高温除硫工艺，有利于节能。而其他类型燃料电池，为了使硫含量降至 $10mg/m^3$ 以下，需使用低温除硫工艺。SOFC 对杂质的耐受能力，使其能使用重燃料，如柴油、煤气，特别是 SOFC 可以与煤气化器连接，电池反应放热可用于煤的气化。另外，由于固体氧化物电解质气体渗透性低，电导率小，开路时 SOFC 电压可达到理论值的 96%。与 MCFC 相比，SOFC 的内部电阻损失小，可以在电流密度较高的条件下运行，燃料利用高，也不需要 CO_2 循环，因而系统更简单。

简述 SOFC 的应用优势。

高温固体电解质型燃料电池

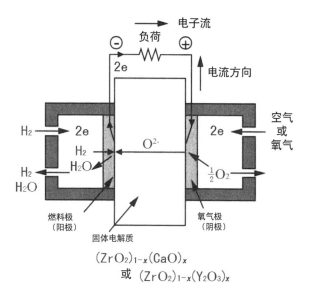

$$(ZrO_2)_{1-x}(CaO)_x$$
或 $(ZrO_2)_{1-x}(Y_2O_3)_x$

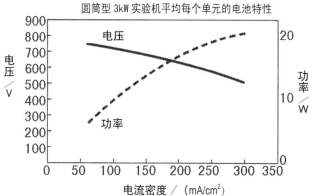

圆筒型 3kW 实验机平均每个单元的电池特性

6.4 高分子电解质型燃料电池（PEFC）
6.4.1 高分子电解质型燃料电池的工作原理

    高分子电解质型燃料电池（PEFC）采用固体高分子质子交换膜为电解质，燃料氢气通过多孔扩散层电极，经过催化剂网络层产生 H^+，在质子交换高分子膜中向负极移动，同时电子流经外电路做功，H^+ 与氧气反应生成的水向外排出，只要连续地供应燃料，就能稳定发出电能。由于 PEFC 体积小、质量轻、能量密度高、运转启动温度低及可靠性好，又没有污染、无噪声等，最具有商业化价值，因此引起电池工业、汽车工业和能源领域等众多研究者的兴趣。

    德国大众开发出了工作温度高达 $120^\circ C$ 的 PEFC。由于热交换效率提高，如果安装在汽车上，可实现散热器等冷却装置的小型化。

    PEFC 两个电极上反应中，氧气（空气）在多孔的阴极上发生还原反应，生成氧负离子（O^{2-}）：

$$O_2(g)+4e \longrightarrow 2O^{2-}$$

    阳极上，燃料氢气在扩散层电极上被催化剂催化生成质子（H^+）：

$$H_2(g)-2e \longrightarrow 2H^+$$

    质子通过固体高分子质子交换膜向负极运动与氧负离子结合发生反应生成水向外排出：

$$2H^++O^{2-} \longrightarrow H_2O$$

    阳极反应失去的电子通过外电路回到阴极，从而输出电能。

本节重点
(1) 叙述 PEFC 的工作原理和两个电极上的反应。
(2) 高分子电解质膜需要加湿，铂会由于一氧化碳而导致中毒。
(3) PEFC 在相对低温下运行，效率高，输出功率大。

高分子电解质的团簇模式

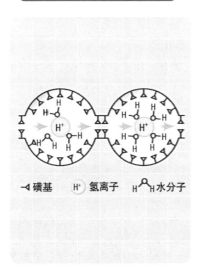

◁ 磺基　　H^+ 氢离子　　$H \bigwedge H$ 水分子

PEFC 的原理图和两个电极发生的反应

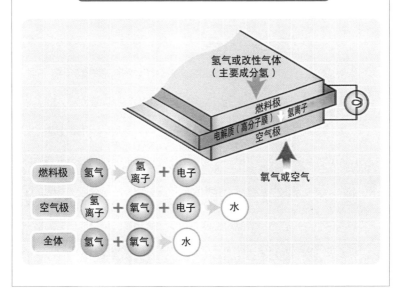

氢气或改性气体
（主要成分氢）

燃料极　氢离子

电解质（高分子膜）

空气极

氧气或空气

燃料极　氢气 → 氢离子 + 电子

空气极　氢离子 + 氧气 + 电子 → 水

全体　氢气 + 氧气 → 水

6.4.2　高分子电解质型燃料电池的改进

　　PEFC 发电效率为 50% 左右，比在高温下工作的燃料电池低。在耐久性和成本方面仍存在不少问题，但很有可能作为家用燃料电池普及开来。

　　由于质子交换膜（PEM）技术中，质子（H⁺）在薄膜中的传导率是很重要的一个参数，为此，较佳的薄膜仍在不断研究中。一个主要的突破性进展是杜邦公司研发出的 Nafion 薄膜，薄膜组成可分为疏水性的 PTFE 及亲水性的硫酸根离子，这些薄膜具有较高酸度及高传导率等性质，且远比聚苯乙烯磺酸钠（PSS）薄膜更加稳定，因为 Nafion 薄膜较不活泼，不易随氧化或还原反应而起化学变化，PSS 薄膜则相反。

　　于 PTFE 薄膜中加入 Nafion 离子传导，可制造出较薄的薄膜，借此降低薄膜于燃料电池中产生的电阻，此薄膜的传导率较 Nafion112（0.1S·cm⁻¹）为佳，但其气体浸透性过高。于聚环氧乙烷（聚氧化乙烯，PEO）薄膜中加入锂硫酸根形成有机／无机杂化电解质，这样组成的电解质具较好的热稳定性和热传导率。薄膜可添加二氧化硅或三氧化二铝混合硫酸或 CF₃SO₃H（TFMSA），可达很高的传导率。

本节重点

（1）画出固体高分子电解质型燃料电池（PEFC）的结构。
（2）高分子离子交换膜的改进。

高分子电解质型燃料电池的工作原理

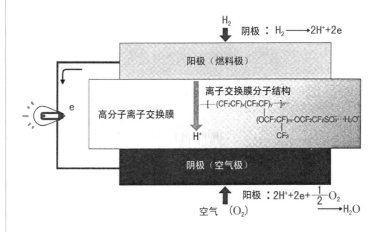

阴极：$H_2 \longrightarrow 2H^+ + 2e$

阳极（燃料极）

离子交换膜分子结构

高分子离子交换膜

$[-(CF_2CF)_x(CF_2CF)_y-]_n$
$(OCF_2CF)_m\text{-}OCF_2CF_2SO_3^-\cdots H_3O^+$
CF_3

H^+

阴极（空气极）

阳极：$2H^+ + 2e + \dfrac{1}{2}O_2 \longrightarrow H_2O$

空气（O_2）

高分子电解质型燃料电池的构造

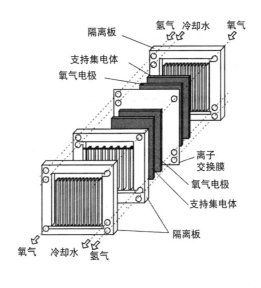

隔离板
支持集电体
氧气电极

氢气　冷却水　氧气

离子交换膜
氧气电极
支持集电体

隔离板

氧气　冷却水　氢气

6.4.3　各种各样的汽车用燃料电池系统

　　燃料电池电动汽车是利用氢气和空气中的氧在催化剂的作用下在燃料电池中经电化学反应产生的电能，并作为主要动力源驱动的汽车。燃料电池电动汽车用驱动系统在最大功率、最高转矩、工作效率、调整性能等方面均有较高的要求。目前，燃料电池电动汽车上使用较多的主要是永磁无刷直流电动机、交流异步电动机、交流同步电动机及开关磁阻电动机等。

　　2002 年，美国 Vehicle ProjectsLLC 公司和 Fuel Cell Propulsion 协会联合开发了世界第 1 辆燃料电池动力拖运机车。该车是在原型机（铅酸电池作为动力源）的基础上改造完成，采用两个燃料电池堆串联组成动力源，储氢系统的容量可以维持该车在 14kW 的功率下连续运行 8h，同时装备有增湿器和热交换器等设备。

　　巴拉德 (Ballard) 汽车公司是 PEMFC 燃料电池技术领域中的世界领先公司，1992 年巴拉德公司在政府的支持下，为运输车研制了 88kW 的 PEMFC 动力系统，以 PEMFC 为动力作试验车进行演示。1993 年巴拉德公司推出了世界上第一辆运用燃料电池的电动公共汽车样车，装备 105kW 级 PEMFC 燃料电池组，能载客 20 人。2012 年，巴拉德燃料电池的体积功率已达到 1kW/L 的目标。

本节重点　汽车用燃料电池系统有哪些？

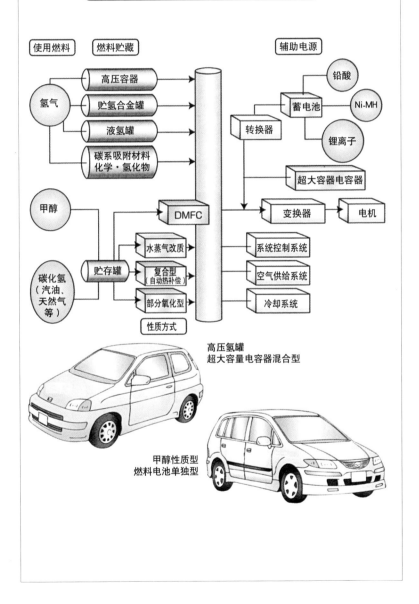

各种各样的汽车用燃料电池系统

高压氢罐
超大容量电容器混合型

甲醇性质型
燃料电池单独型

6.4.4 直接使用氢气型汽车用燃料电池

　　燃料电池是一种高风险、高回报的技术。燃料电池汽车能够提供一种可靠的汽车动力源，具有电动汽车的安静、高效和零排放等特点，同时又不受蓄电池特有的行程限制。目前，大批量生产燃料电池汽车所面临的最大困难是如何将氢气注入燃料电池组中。

　　目前，直接使用氢气型汽车主要采用两种方式：一是直接将氢气储存在车上；二是用液体燃料（汽油或甲醇）在车上生成氢气。直接氢气法对环境的益处最大，所需燃料电池系统的设计也最简单，但需要有一个庞大的氢气基础设施。其氢气可以以压缩气体、低温液态氢和金属氢化物的方式储备。据研究发现，仅供15辆车使用的加氢站的生产成本就可与批发汽油的加油站成本相媲美。这些加氢站通过蒸汽重整、天然气或电解水产生氢气，能够利用现有的天然气和电力基础设施。车上生成氢气法需采用液态燃料，仍可利用现有的燃料基础设施如加油站，但要求车上另设化学燃料处理设备。车载燃料处理装置将碳氢化合物转化成一种富含氢气的生成物，称为"重整燃料"，可为燃料电池组所用。

本节重点　直接利用氢气型燃料电池具有高性能、零排放。

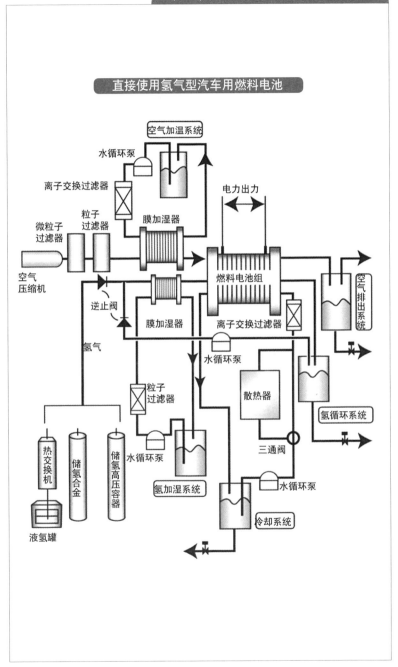

直接使用氢气型汽车用燃料电池

6.5 储氢技术与储氢材料
6.5.1 氢的安全容器——储氢合金

　　储氢技术对于燃料电池汽车能否方便地推广使用起着至关重要的作用。特别对于乘用车来说，由于留给储氢容器的空间有限，因此储氢技术对于续航距离有决定性的影响。

　　储氢材料的储氢量有望达到与其体积相同的液态氢的量，至少可以储存其体积二分之一的液态氢的量。因此，世界各国都在积极开发更高容量、更方便使用的储氢材料。

　　自 20 世纪 60 年代后半期至整个 70 年代，人们开始不断开发新的储氢合金。1970 年以 Pilips 研究所发现的 $LaNi_5$ 为代表，储氢量逾 1% 的稀土系 AB_5 型合金（A：La、Ce 等稀土元素，B：Ni、Co、Ma、Al 等）于 20 世纪 90 年代前半段作为镍金属氢化物二次电池的负极达到实用化。而且 AB_2 型 Lass 相合金（A：Ti、Zr 等，B：V、Mn、Cr 等）由于储氢量接近 2%，比 AB_5 型具有更高容量，且组成的选择自由度高，作为储氢和利用反应热的热泵被人们广泛研究。

　　这些传统的储氢合金，用于小型燃料电池的氢供应源，要求储氢量要达到数升至数百升。假设储存 5kg 的氢，即使储氢能力为 1.8%，也需要 280kg 储氢合金，相应的容器总的重量达数百千克。而且，尽管所用金属的体积只有 47L，但需要体积很大的热交换器，这就需要 150～200L 大小的容器。

　　作为安全且高密度储氢的方法，是储氢合金容器。

　　迄今为止，丰田公司生产的 RAV-4FCEV(FCHV-1)，马自达公司生产的 DEMIAO-FCEV，本田公司生产的 FCX-V1 等燃料电池汽车中都使用了储氢合金。日本的汽车厂商之所以采用储氢合金，一是安全性高；二是由于储氢合金容器的体积小，特别适合小型车的搭载。

本节重点
（1）储氢合金的主要结构。
（2）储氢合金在燃料电池汽车中已经应用。

氢的安全容器——储氢合金

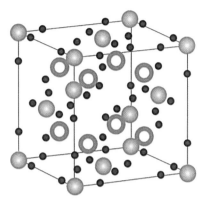

镁系储氢合金的晶体结构

◎:Mg ◯:Ni ●:H

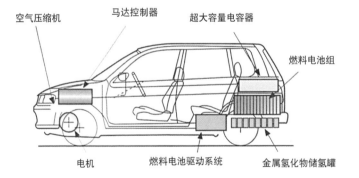

空气压缩机　马达控制器　超大容量电容器

燃料电池组

电机　燃料电池驱动系统　金属氢化物储氢罐

6.5.2 吸氢合金——以比液氢更小的体积储氢

　　大概不少人认为，吸氢合金如同海绵吸水那样吸氢，但这是不正确的。这是因为，即使水被海绵吸收，水仍然会以水分子存在，而合金吸氢时，氢分子会分解为原子。

　　对于金属原子位于立方体的顶角和面心的面心立方（fcc）结构的金属来说，当它吸氢时，氢原子会进入如图所示的四面体间隙及八面体间隙位置。所谓四面体间隙位置，是指由顶角的一个金属原子与处于面心的三个金属原子所构成的正四面体的中心空隙。同样，由六个金属原子所构成的正八面体的中心空隙为八面体间隙位置。平均每个金属原子有两个四面体间隙和一个八面体间隙。对于金属钯（Pd）的情况，氢原子喜好占据八面体间隙，理想情况形成组成为 PdH 的氢化物。对于金属镧（La）的情况，氢原子占据四面体间隙更稳定，因此开始形成 LaH_2，接着氢原子也进入八面体间隙，形成 LaH_3。

　　如图所示氢的压力与绝对温度的倒数呈直线关系。0.1～1MPa 的压力对于实用是便利的，但对于钛（Ti）、锆（Zr）、镧（La）等来说，若以 0.1～1MPa 放出氢，需要 750℃以上的高温。若采用合金，则图中的曲线向右移动，意味着氢的吸藏、放出的温度会下降。除此之外，采用合金时，由于氢的含有率提高，吸藏、放出的速度会升高，对杂质的耐久性也高。

　　吸氢合金的特长是，在 10 个大气压以下的压力下，可以储藏比液态氢密度更高的氢，为了放出氢必须由外部对其加热，储藏的氢一次性放出的危险性低。目前，吸氢合金已部分实用化，其在镍氢电池中的应用就是我们身边的实例。

本节重点
(1) 氢以原子的形态被金属吸藏。
(2) 氢原子被吸藏于四面体间隙和八面体间隙中。
(3) 通过氢与金属构成合金，在低温可以吸藏在高温可以放出。

氢原子在金属晶格中的存在位置

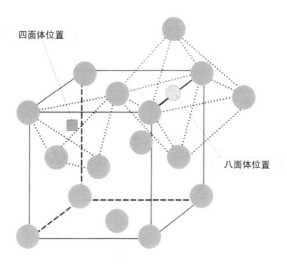

四面体位置

八面体位置

氢的平衡气压随温度的变化

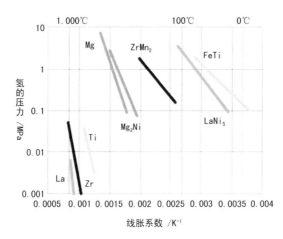

6.5.3 无机氢化物储氢材料

储氢合金的问题是，利用很重的金属储藏很轻的氢，致使储氢合金容器本身很重。为此，近几年人们专注以轻金属镁为基的储氢合金的研究开发。镁在理论上可以储藏 7.6%（质量）的氢，但为了使储藏的氢放出需要250℃以上的高温。最近，有人将镁和钯以纳米尺度层积制成合金，即使在低温下，氢也能容易地放出，这可能是由于钯的催化作用所致。

在以钠铝氢化物（$NaAlH_4$）、锂氮氢化物（$LiNH_2$）等为代表的无机氢化物中，氢原子构成 AlH_4^- 、NH_2^- 等阴离子。人们发现，当在 $NaAlH_4$ 等中加入催化剂时，氢便会以可逆的方式吸入、放出。这与以前人们熟知的以气体状的氢直接吸入、放出的情况不同。

无机氢化物如图所示，具有含氢量多的特征。但是，由于氢的一部分会以 NaH 及 LiH 的形式残留，因此不能全部利用，而且，氢的放出温度在 200℃以上，这也是现实问题。

NH_3 带正电，BH_3 带负电的非晶态甲硼铵，从广义上讲也属于无机氢化物，从图中给出的晶体结构可以看出，它由分子所构成。由图中的箭头所连接的氢原子间的距离为 2.02Å，与吸氢合金的最接近的氢原子的间距 2.1Å 更近些。

本节重点

无机氢化物储氢材料氢的吸入、放出机制

含氢密度的比较

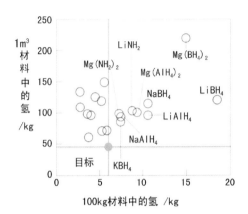

图中仅标出超过目标值的无机氢化物的名称。
未达到目标值的无机氢化物如下所列:
$NaNH_2$、KNH_2、$KAlH_4$、Mg_3MnH_7、Mg_2FeH_6、Mg_2CoH_5、
$Mg_6Co_2H_{11}$、Mg_2NiH_4、$LaMg_2NiH_7$、$BaReH_9$

$$NaAlH_4 \rightarrow 1/3Na_3AlH_6 + 2/3Al + H_2 \qquad \text{(1a)}$$

$$Na_3AlH_6 \rightarrow 3NaH + Al + 3/2H_2 \qquad \text{(1b)}$$

$$LiNH_2 + LiH \rightarrow Li_2NH + H_2 \qquad \text{(2)}$$

$$LiBH_4 \rightarrow LiH + B + 3/2H_2 \qquad \text{(3)}$$

$$2LiNH_2 + LiBH_4 \rightarrow Li_3BN_2 + 4H_2 \qquad \text{(4)}$$

NH_3BH_3 的晶体结构

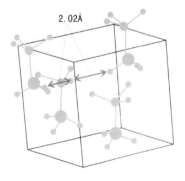

2.02Å

晶胞由NH_3BH_3分子
所构成。其中NH_3
带正电,BH_3带负
电。氢原子间距
离为2.02Å

6.6 几种有可能实现的燃料电池
6.6.1 工作温度可降低的 SOFC

  高温固体电解质型燃料电池 SOFC 目前大量应用的电解质是 YSZ，它要求结构紧凑而且机械强度高，成本和价格也要求适中。它的工作温度是 800～1000℃。高温对电池各部件的热稳定性、高温强度、电子导电率、热膨胀匹配、化学稳定性等要求较高，材料选用受限，高温下电极与电解质反应而使电池性能下降等限制了它的应用和发展，如果能够降低它的工作温度，那么一般的金属材料便可以应用在 SOFC 的连接材料中，这样，生产 SOFC 的价格将会大大降低。而且陶瓷材料在高温下的劣化严重，在低温下，材料的劣化显著变慢，降低使用温度，SOFC 的寿命将会大大延长。

  要使操作温度降低有两个途径：一是减少电解质 YSZ 薄膜的厚度；二是研发出比氧化锆基电解质的氧离子电导率高得多的新一类固体电解质。除此之外，还需要解决适应中低温工作，并与中低温电解质相适应的电极材料。

  近年来出现很多关于多掺杂体系的研究，因为相对于 Sm、Gd 单掺杂体系，双掺杂体系具有更多的氧空位无序性和较小的氧离子迁移激活能，控制其等效离子半径接近临界离子半径可提高其离子电导率。

本节重点
(1) 目前 SOFC 中应用何种电解质，它有哪些优缺点？
(2) 要降低 SOFC 的运行温度，在电解质上应采取哪些措施？
(3) 如何提高固体电解质的离子电导率？

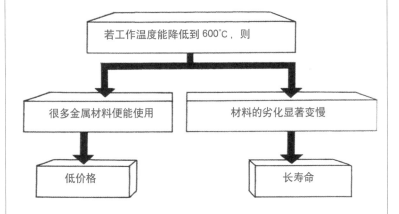

工作温度可降低的 SOFC 燃料电池

若工作温度能降低到 600℃，则

很多金属材料便能使用　　材料的劣化显著变慢

低价格　　长寿命

　　制约 SOFC 燃料电池应用和发展的关键因素是其工作温度太高。若工作温度能降低到 600℃，SOFC 燃料电池会获得低价格和长寿命的优势。为此需要更高氧离子电导率的新型固体电解质。

6.6.2 可利用煤炭的燃料电池

煤是供人类使用的一种非常重要的能源，可是要想使用煤炭中所蕴含的能量，总免不了要燃烧它，这中间产生的空气污染和能量损失都非常可观。专家估计，煤炭在燃烧发电的过程中，有60%以上的能量都被浪费了，同时还释放出大量的二氧化碳和有害气体。

有没有不点火就把煤炭中的能量取出来的办法呢？有人想到了燃料电池，可以把煤炭中的化学能直接转化成电能。这种思路不算新鲜，以前就有人制作过使用煤炭的燃料电池，但是却存在很大的缺陷，最大的麻烦是需要在600～900℃高温下熔化的碳酸盐做电解液。高温不仅降低了电池的工作效率，对电池自身的结构也有很大的破坏作用。如果有朝一日燃料电池的发电效率超过了热电厂，人类就可以从地球上丰富蕴藏的煤炭资源中汲取到更加巨大的能量，同时不增加二氧化碳的排放量。

熔融碳酸盐燃料电池（MCFC）的发电效率高，可达60%，而且，甚至一氧化碳也可以作为燃料来使用。以埋藏量丰富的煤炭作为原燃料是MCFC的最大特征，其发展趋势备受关注。

本节重点（1）燃煤热电厂发电效率低且污染环境。
（2）MCFC的缺点是需要600~900℃下熔化的碳酸盐电解液。
（3）有可能实现由煤炭藉由燃料电池直接发电。

熔融碳酸盐型燃料电池（MCFC）的发电原理

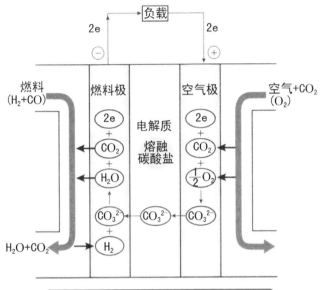

可利用煤炭的燃料电池

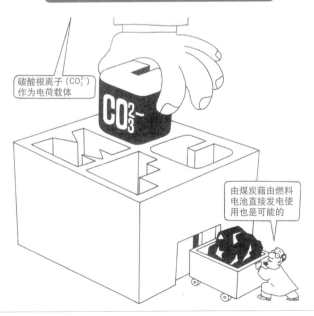

6.6.3 可利用废弃物的燃料电池

目前，生活垃圾主要采用焚烧、掩埋处理。焚烧产生二噁英，掩埋占用土地，且二噁英、垃圾会污染大气、地下水及土壤。因此世界各国正在开发研究减轻环境污染的垃圾处理方法。采用新型固定床高温甲烷发酵与燃料电池联合发电是生活垃圾再资源化的一种新方法。

用废弃物发电，一般需要经历下列步骤。

①生活垃圾预处理　分选旨在除去难以生物分解，容易造成泵和机械故障的管状物、带状物、容器、金属片、卫生筷、尼龙等。

②生物反应器和生物气精制　生物气除含甲烷、CO_2外，还含有硫化氢、氨等腐蚀性气体。这些成分往往会造成燃料电池催化剂失效，因此需要净化。

③发电　尽管已经有初步的设想，但是废弃物发电现在还不成熟，需要研究更好地，转换率更高的方法。如果可以做到废弃物发电，对于能源的利用，环境的保护，都有益处。

磷酸型燃料电池（PAFC）开发得最早。它的发电效率较高，可达40％，运行温度较低，在170～200℃，可以小规模运行，排热方式可以是蒸汽、温水等，便于热电并用，因此可期待在热量消耗较多的医院、旅馆、工厂等应用。

而且，PAFC所用燃料极为广泛，除了天然气、LPG（石油液化气）、甲醇、粗汽油（原油蒸馏的剩余物）之外，下水道污泥、食品废液、动植物垃圾等有机物发酵产生的烷烃气体等都可以作为燃料使用。因此，PAFC作为可利用废弃物的燃料电池受到期待。

本节重点
（1）目前生活垃圾的处理方法及由此产生的问题。
（2）甲烷发酵与燃料电池联合发电实现生活垃圾再资源化。
（3）介绍由生活垃圾预处理再由PAFC发电的步骤。

书角茶桌

清洁能源，越走越近

说到新能源汽车，大家已不陌生。目前，新能源汽车包括纯电动汽车、增程式电动汽车、混合动力汽车、氢燃料电动汽车等。严格地说，纯电动汽车、混合动力汽车中的蓄电池都会对环境造成一定污染，而氢燃料电池汽车集合诸多优点于一身，续航里程普遍超过400km，加氢时间与传统汽车的加油时间几乎一样，解除了人们对于电动汽车的里程焦虑和充电难的顾虑，更重要的是，燃料电池实现真正的零污染，具有极好的环境亲和性。

目前我国已经制定了氢燃料电池的战略规划和扶持政策，在国家新能源汽车政策大力扶持下，中国氢能源燃料电池事业正在快速发展。截至2018年，国内已经有氢燃料电池发展规划的城市已经不下10个。包括上海、武汉、苏州、广东、佛山等，中国的燃料电池汽车商业化进程虽然比美国、日本稍微晚一点，但中国已经成为国际上最重要的燃料电池应用舞台。

按照中国节能新能源汽车的技术路线图，燃料电池汽车到2020年将发展到万辆规模，2025年发展到10万辆规模，2030年发展到百万辆规模。然而氢燃料电池产业链的核心部件比如电堆产品还处于技术攻关阶段，目前国内有些公司研制的第三代复合板电堆处于领先水平，未来有望突破关键技术瓶颈，为氢燃料电池大规模应用扫清障碍。

此外，核能作为一种清洁能源，在我国东部沿海地区已成为清洁能源的主力之一，其中广东、福建、海南三省核电发电量占比已达20%。目前中国大陆已形成了在运机组37台、在建机组19台，总装机容量超过5693万千瓦的核电规模，是世界在建核电机组规模最大的国家。

参考文献

[1] 池田 宏之助, 武島 源二, 梅尾 良之. 図解: 電池のはなし. 日本実業出版社, 1996.

[2] 松下電池工業株式会社監修. 図解入門: よくわかる最新電池の基本と仕組み. 秀和システム, 2005.

[3] 細田 條. 2次電池の本. 日刊工業新聞社, 2010.

[4] 吴宇平, 万春荣, 姜长印. 锂离子二次电池. 北京: 化学工业出版社, 2002.

[5] Sam Zhang. Hand of Nanostructured Thin Films and Coatings——Functional Properties. CRC Press, Taylor & Francis Group, 2010.

[6] Sam Zhang. Hand of Nanostructured Thin Films and Coatings——Mechanical Properties. CRC Press, Taylor & Francis Group, 2010.

[7] Sam Zhang. Hand of Nanostructured Thin Films and Coatings——Organic Nanostructured Thin Film Devices and Coatings for Clean Energy. CRC Press, Taylor & Francis Group, 2010.

[8] Richard J.D. Tilley. Defects in Solids. John Wiley & Sons, Inc., 2008.

[9] 黄镇江, 刘凤君. 燃料电池及其应用. 北京: 电子工业出版社, 2005.

[10] 池田 宏之助. 燃料電池のすべて. 日本實業出版社, 2001.

[11] 燃料電池NPO法人PEM-DREAM. よくわかる最新燃料電池の基本と動向. 秀和システム, 2004.

[12] (社) 日本セラミックス協会. 燃料電池材料. 日刊工業新聞社, 2007.

[13] 燃料電池研究会. 燃料電池の本. 日刊工業新聞社, 2001.

作者简介

田民波，男，1945年12月生，中共党员，研究生学历，清华大学材料学院教授。邮编：100084；E-mail: tmb@mail.tsinghua.edu.cn。

于1964年8月考入清华大学工程物理系。1970年毕业留校一直任教于清华大学工程物理系、材料科学与工程系、材料学院等。1981年在工程物理系获得改革开放后第一批研究生学位。其间，数十次赴日本京都大学等从事合作研究三年以上。

长期从事材料科学与工程领域的教学科研工作，曾任副系主任等。承担包括国家自然科学基金重点项目在内的科研项目多项，在国内外刊物发表论文120余篇，正式出版著作40部（其中10多部在台湾以繁体版出版），多部被海峡两岸选为大学本科及研究生用教材。

担任大学本科及研究生课程数十门。主持并主讲的《材料科学基础》先后被评为清华大学精品课、北京市精品课，并于2007年获得国家级精品课称号。2018被清华大学申报国家精品慕课。

作者书系

1. 田民波，刘德令. 薄膜科学与技术手册：上册. 北京：机械工业出版社，1991.
2. 田民波，刘德令. 薄膜科学与技术手册：下册. 北京：机械工业出版社，1991.
3. 汪泓宏，田民波. 离子束表面强化. 北京：机械工业出版社，1992.
4. 田民波. 校内讲义：薄膜技术基础，1995.
5. 潘金生，仝健民，田民波. 材料科学基础. 北京：清华大学出版社，

1998.

6. 田民波. 磁性材料. 北京：清华大学出版社，2001.

7. 田民波. 电子显示. 北京：清华大学出版社，2001.

8. 李恒德. 现代材料科学与工程词典. 济南：山东科学技术出版社，2001.

9. 田民波. 电子封装工程. 北京：清华大学出版社，2003.

10. 田民波，林金堵，祝大同. 高密度封装基板. 北京：清华大学出版社，2003.

11. 田民波. 多孔固体——结构与性能. 刘培生，译. 北京：清华大学出版社，2003.

12. 范群成，田民波. 材料科学基础学习辅导. 北京：机械工业出版社，2005.

13. 田民波. 半導體電子元件構裝技術. 臺北：臺灣五南圖書出版有限公司，2005.

14. 田民波. 薄膜技术与薄膜材料. 北京：清华大学出版社，2006.

15. 田民波. 薄膜技術與薄膜材料. 臺北：臺灣五南圖書出版有限公司，2007.

16. 田民波. 材料科学基础——英文教案. 北京：清华大学出版社，2006.

17. 范群成，田民波. 材料科学基础考研试题汇编：2002—2006. 北京：机械工业出版社，2007.

18. 西久保 靖彦. 圖解薄型顯示器入門. 田民波，譯. 臺北：臺灣五南圖書出版有限公司，2007.

19. 田民波. TFT 液晶顯示原理與技術. 臺北：臺灣五南圖書出版有限公司，2008.

20. 田民波. TFT LCD 面板設計與構裝技術. 臺北：臺灣五南圖書出版有限公司，2008.

21. 田民波. 平面顯示器之技術發展. 臺北：臺灣五南圖書出版有限公司，2008.

22. 田民波. 集成电路（IC）制程简论. 北京：清华大学出版社，2009.

23. 范群成，田民波. 材料科学基础考研试题汇编：2007—2009. 北京：机械工业出版社，2010.

24. 田民波，叶锋. TFT 液晶显示原理与技术. 北京：科学出版社，2010.

25. 田民波，叶锋. TFT LCD 面板设计与构装技术. 北京：科学出版社，2010.

26. 田民波，叶锋. 平板显示器的技术发展. 北京：科学出版社，2010.

27. 潘金生，仝健民，田民波. 材料科学基础（修订版）. 北京：清华大学出版社，2011.

28. 田民波，吕辉宗，温坤禮. 白光 LED 照明技術. 臺北：臺灣五南圖書出版有限公司，2011.

29. 田民波，李正操. 薄膜技术与薄膜材料. 北京：清华大学出版社，2011.

30. 田民波，朱焰焰. 白光 LED 照明技术. 北京：科学出版社，2011.

31. 田民波. 材料学概论. 北京：清华大学出版社，2015.

32. 田民波. 创新材料学. 北京：清华大学出版社，2015.

33. 田民波. 材料學概論. 臺北：臺灣五南圖書出版有限公司，2015.

34. 田民波. 創新材料學. 臺北：臺灣五南圖書出版有限公司，2015.

35. 周明胜，田民波，俞冀阳. 核能利用与核材料. 北京：清华大学出版社，2016.

36. 周明胜，田民波，俞冀阳. 核材料与应用. 北京：清华大学出版社，2017.